本成果为河北省社科基金项目：“赓续传承　守正创新：‘塞罕坝精神’的生态现代化意蕴诠释与价值引领”（HB23MK025）的阶段性研究成果。

赓续传承　守正创新：

“塞罕坝精神”的生态现代化意蕴诠释与价值引领

王　璐　杨鑫悦　蒋予格　著

燕山大学出版社
·秦皇岛·

图书在版编目（CIP）数据

赓续传承　守正创新 ：“塞罕坝精神”的生态现代化意蕴诠释与价值引领 / 王璐，杨鑫悦，蒋予格著. 秦皇岛 ：燕山大学出版社，2024. 7. -- ISBN 978-7-5761-0687-9

Ⅰ. X321.2

中国国家版本馆 CIP 数据核字第 202470LL52 号

赓续传承　守正创新

——“塞罕坝精神”的生态现代化意蕴诠释与价值引领

GENGXU CHUANCHENG SHOUZHENG CHUANGXIN

王　璐　杨鑫悦　蒋予格　著

出 版 人：陈　玉

责任编辑：张文婷　　策划编辑：裴立超

责任印制：吴　波　　封面设计：刘馨泽

出版发行：燕山大学出版社　　电　　话：0335-8387555

地　　址：河北省秦皇岛市河北大街西段 438 号　　邮政编码：066004

印　　刷：涿州市般润文化传播有限公司　　经　　销：全国新华书店

开　　本：710 mm×1000 mm　1/16　　印　　张：13.25

版　　次：2024 年 7 月第 1 版　　印　　次：2024 年 7 月第 1 次印刷

书　　号：ISBN 978-7-5761-0687-9　　字　　数：220 千字

定　　价：78.00 元

目　录

第一章　引　言

清静有种类之分、程度之别。湖中孤岛僻静，但湖上总会有船，有船就会有客人登岛造访。云间山峰幽静，可山间多有小路，有路就会有游人登峰观景。我不知世间有哪种清静能比春日洪水守护的宁静更无被打扰之忧，连大雁也不知道，虽然比之于我，大雁经历过更多不同种类和程度的孤寂。

——利奥波德《小河涨水》

一、问题的提出

利奥波德曾担忧“我们的子孙后代将见不到一条原生态状貌的河流”，并力图“把感知美的能力植入不甚美丽的人心之中”。然而，在《沙乡年鉴》问世多年后的今天，虽说环境保护和生态恢复工作都初见成效，但生态环境保护意识似乎尚未普遍地植入世人心中。且不说北极冰盖开始融化、亚马孙雨林面积缩小、墨西哥湾原油污染以及日本福岛的核泄漏，就是我们身边的生态环境有的也尚未得到应有的保护或治理。斯言不谬，随着工业化、城市化进程的步伐不断加快，人类的生产、生活方式随之发生了极大的改变，但与此同时生态破坏现象随处可见，生态环境的状况日益恶化，最终逐步演化成生态危机。

在中国共产党多年奋进的历程中，生态文明逐步跃升为时代发展的一大重要主题。2017 年习近平对河北塞罕坝林场建设者感人事迹作出重要批示，全党全社会要坚持绿色发展理念，弘扬塞罕坝精神，持之以恒推进生态文明建设，一代接着一代干，驰而不息，久久为功，努力形成人与自然和谐发展新格局，把我们伟大的祖国建设得更加美丽，为子孙后代留下天更蓝、山更绿、水更清的优美环境。2021 年 8 月，习近平亲自到塞罕坝林场进行了考察，他强调要传承好塞罕坝精神，深刻理解和落实生态文明理念，再接再厉、二次创业，在实现第二个百年奋斗目标新征程上再建功立业。塞罕坝精神是中国共产党精神谱系的重要组成部分，不仅是我国生态文明建设取得的重大成果，更是宝贵的精神财富和思想教育资源，把塞罕坝精神融入大学生思想政治教育，有利于培养有理想、敢担当、能吃苦、肯奋斗的新时代好青年。

党的二十大报告指出：必须牢固树立和践行“绿水青山就是金山银山”的理念，站在人与自然和谐共生的高度谋划发展。塞罕坝林场的建设者们将中华民族“自力更生、艰苦创业”精神的伟力发挥到极致，铸就了“牢记使命、艰苦创业、绿色发展”的塞罕坝精神。在历史与现实的张力中建构起具有中国特色的生态治理方案，这一转化过程涉及生成论的历史逻辑、内容论的价值内核、实践论的路径选择与价值论的世界意义四个维度，构成了一个有机统一的理论体系。

在生成论层面，塞罕坝精神的诞生是中国生态文明建设历史进程的必然产物。对此，塞罕坝林场原场长陈智卿曾说：“我眼前这片郁郁葱葱的万亩林海就是最生动的注脚。”在工业化初期，中国面临着资源约束趋紧、环境污染严重、生态系统退化的严峻形势。塞罕坝从“黄沙遮天日，飞鸟无栖树”的荒漠蜕变为“河的源头、云的故乡、花的世界、林的海洋”，这一生态奇迹的背后，是三代塞罕坝人持续半个多世纪的接力奋斗。这种奋斗精神既继承了中国传统文化中“天人合一”的生态智慧，又融入了马克思主义生态观的理论精髓，更回应了新时代“绿水青山就是金山银山”的发展理念。塞罕坝精神正是在工业化与生态化的矛盾运动中，找到了符合中国国情的生态治理路径。

在内容论层面，塞罕坝精神构建了以“牢记使命、艰苦创业、绿色发展”

为核心的价值体系。“牢记使命”体现了政治伦理维度，要求将生态责任内化为政治担当；“艰苦创业”彰显了实践理性品格，强调在资源匮乏条件下的创造性劳动；“绿色发展”则蕴含着科学发展理念，追求经济增长与生态保护的辩证统一。塞罕坝人通过技术创新（如耐寒树种培育）、制度创新（如生态补偿机制）和文化创新（如生态道德教育），将抽象的生态理念转化为可操作的治理体系，形成了具有示范意义的生态治理模式。

在实践论层面，塞罕坝精神的生命力在于其强大的现实转化能力。在生态修复领域，塞罕坝人创造了高寒地区人工造林的技术奇迹，累计造林面积超过 112 万亩，森林覆盖率从 12% 提升至 80%。这种技术实践并非单纯的工具理性扩张，而是始终贯穿生态伦理考量，如采用近自然林业经营模式，维护生物多样性。在制度建设方面，塞罕坝建立了“生态保护红线制度”“森林资源有偿使用制度”等创新机制，将生态价值纳入经济核算体系。这种制度创新超越了西方“绿色资本主义”的市场调节局限，形成了“政府主导、市场参与、社会协同”的多元治理格局。塞罕坝还通过建设生态教育基地、开展生态道德实践活动，将生态理念融入社会生活，培育了全民参与的生态文化。

在价值论层面，塞罕坝精神为全球生态治理提供了中国方案。塞罕坝人通过“山水林田湖草”系统治理，实现了生态系统的整体性修复；通过“生态产业化、产业生态化”路径，推动了经济与生态的良性循环；通过“人类命运共同体”理念，为全球生态治理贡献了东方智慧。这种治理模式既不同于西方的生态殖民主义，也区别于传统社会主义的生产中心主义，而是探索出一条人与自然和谐共生的新型文明道路。塞罕坝的实践证明，生态治理不仅是技术问题，更是价值重构问题；不仅是局部改善，更是系统变革。

科尔曼曾指出，生态社会是一个公平正义的社会，在这个社会里，人们“追求一种健康的、愉快的、可持续的生活方式”。在实现第二个百年奋斗目标的历史进程中，塞罕坝精神的理论价值与实践意义愈加凸显。它既是中国生态文明建设的精神丰碑，也是全球生态治理的东方启示。通过生成论的历史溯源、内容论的价值解构、实践论的路径分析与价值论的意义阐释，我们不仅能深化对塞罕坝精神的理论认知，更能从中汲取智慧。

二、研究意义

（一）理论意义

塞罕坝精神作为中国生态文明建设的标志性成果，其理论价值体现在对马克思主义生态观的创新性发展上、对全球生态治理理论的范式突破上，以及对中国特色社会主义生态文明理论体系的完善上。

一是塞罕坝精神继承并深化了马克思主义生态观的核心要义。马克思在《资本论》中揭示了人与自然物质变换的规律，强调"劳动是人与自然之间的物质变换过程"。塞罕坝人通过三代人的接力奋斗，将这一理论转化为"绿水青山就是金山银山"的生动实践，创造性地提出"生态产业化、产业生态化"的发展路径，突破了传统工业化思维中"人定胜天"的单向度征服逻辑，构建了人与自然和谐共生的辩证关系。这种实践不仅验证了马克思关于"自然是人的无机身体"的论断，更在技术创新、制度设计与文化培育层面拓展了马克思主义生态观的实践维度。

二是塞罕坝精神为全球生态治理理论提供了东方智慧。西方生态理论长期受限于"人类中心主义"与"生态中心主义"的二元对立，难以破解资本逻辑下的生态危机。塞罕坝精神以"山水林田湖草"系统治理为核心理念，将生态修复与经济发展、社会公平有机结合，形成了"政府主导、市场参与、社会协同"的多元治理模式。这一模式超越了西方"绿色资本主义"的市场万能论，为发展中国家破解生态贫困、实现可持续发展提供了新的理论参照。正如联合国环境规划署所评价的，塞罕坝实践"证明了退化生态系统的可修复性，为全球生态治理贡献了中国智慧"。

三是塞罕坝精神推动了中国特色生态文明理论体系的完善。党的二十大报告将生态文明建设纳入"五位一体"总体布局，塞罕坝精神通过"牢记使命、艰苦创业、绿色发展"的价值内核，为这一战略布局提供了微观实践样本。其生成论层面的历史逻辑（如从"黄沙遮天"到"林海绿洲"的蜕变）、内容论层面的价值体系（如政治担当与生态伦理的统一）、实践论层面的制度创新（如生态补偿机制与近自然林业模式），共同构成了具有中国特色的生态治理理论框架，为新时代生态文明建设提供了学理支撑。

（二）实践意义

塞罕坝精神的实践价值体现为其对中国生态文明建设的示范引领、对青年一代的思想塑造，以及对全球生态治理的实践贡献。

一是塞罕坝精神为中国生态文明建设提供了可复制的实践路径。在生态修复领域，塞罕坝人突破高寒地区造林技术瓶颈，创造了“人工林保存率90% 以上”的奇迹，其“三北防护林”建设经验已推广至新疆、甘肃等生态脆弱区。在制度创新方面，塞罕坝率先建立生态保护红线制度、森林资源有偿使用制度，将生态价值纳入经济核算体系，为全国生态产品价值实现机制改革提供了范例。在文化培育层面，通过生态教育基地、全民义务植树等活动，塞罕坝精神已内化为社会共识，推动形成“人人参与生态保护”的良好风尚。正如习近平提及的，塞罕坝的事迹“是推进生态文明建设的一个生动范例”。

二是塞罕坝精神为青年一代提供了宝贵的精神滋养。在“二次创业”的号召下，塞罕坝精神被纳入高校思想政治教育体系，成为培育“有理想、敢担当、能吃苦、肯奋斗”时代新人的重要教材。通过“大思政课”实践教学、生态道德实践活动等形式，青年群体深刻理解了“生态文明建设功在当代、利在千秋”的历史使命，将个人理想融入国家战略。例如，河北民族师范学院设立“塞罕坝高校思政研学基地”，引导学生在护林实践中感悟“艰苦创业”的真谛，培养学生的生态责任感与历史使命感。

三是塞罕坝精神为全球生态治理贡献了中国方案。在“人类命运共同体”理念指引下，塞罕坝模式通过联合国平台向全球推广，为发展中国家解决生态危机提供了技术支撑与制度借鉴。例如，塞内加尔借鉴塞罕坝“灌木固沙 + 经济林种植”模式，在萨赫勒地区成功遏制土地退化；巴西将塞罕坝生态补偿机制引入亚马孙雨林保护工作，推动“生态价值反哺社区发展”。这种“技术共享 + 理念输出”的实践，既彰显了中国作为负责任大国的担当，也为破解“生态殖民主义”与“生态孤立主义”困境提供了新路径。

三、国内外研究现状

（一）国内研究现状

塞罕坝精神作为中国共产党人精神谱系的重要组成部分，逐渐成为国内学界研究的热点议题。本部分围绕塞罕坝精神的内涵、价值意义及传承路径三个维度，系统梳理近年来国内学者的研究成果，并结合最新理论动态进行综合分析。

一是塞罕坝精神的内涵研究。塞罕坝精神的内涵研究聚焦其核心要义与时代特征。学者普遍认为，该精神是三代造林人在高寒荒漠中艰苦创业的实践结晶，体现了中国共产党对生态文明建设的战略思考。侯彦杰、邢瑜辉通过历史考察指出，塞罕坝精神可概括为"牢记使命、坚定信念、艰苦创业、勇于创新、绿色发展、长久奋斗"六个层面，既是习近平生态文明思想的具体实践，也是"绿水青山就是金山银山"理念的生动诠释。李效东、樊红敏则强调其攻坚克难的精神特质，认为塞罕坝精神为社会主义现代化建设提供了强大动力。王海、唐雯进一步将其上升为党和国家生态文明建设的决心象征，认为该精神凝聚了中国人民勤劳智慧、勇于攀登的民族品格。随着研究深入，部分学者从文化根源与理论渊源角度拓展了内涵阐释。路军指出，塞罕坝精神的思想底色源于中华优秀传统文化，"牢记使命"呼应"民为邦本"，"艰苦创业"继承"自强不息"，"绿色发展"则体现"天人合一"的生态智慧。田志、刘春伶通过阶段划分，发现塞罕坝精神在拓荒植绿、护林营林、绿色发展三个时期不断升华，最终形成以"责任担当、传统美德、生态文明理念"为核心的科学内涵。

二是塞罕坝精神的价值意义研究。塞罕坝精神的价值意义研究呈现多维度特征。在思想政治教育领域，钱玉峰、魏沧波认为该精神具有意识形态教育功能，可通过洗涤心灵、引导价值取向提升思想政治教育实效。王栋亮、魏沧波则从文化自信角度出发，指出塞罕坝精神为培育社会主义核心价值观提供了新的思想源泉，有助于增强中华文化软实力。在生态文明建设层面，张继红强调塞罕坝精神对"生态中国""美丽中国"建设的指导意义，认为其激励作用可推动绿色发展理念的深化。黄承梁等通过区域案例分析，论证了塞罕坝精神在京津冀协同发展中的生态屏障作用，体现了习近平生态文明思想的实践厚度。徐文娇进一步将其与中国式现代化结合，提出“牢记使命”是现代化的价值归属，“绿色发展”则是生态图景的核心支撑。此外，学者还关注塞罕坝精神的社会价值。李兢兢指出，该精神通过助力乡村振兴，推动生态资源向经济价值转化，促进区域可持续发展。王海艳等则聚焦高校教育，提出将塞罕坝精神融入“大思政课”，培养具有生态意识和使命担当的时代新人。

三是塞罕坝精神的传承路径研究。关于传承路径，学者们从政策实践、教育融合、文化传播等角度提出建议。施剑波、袁国友主张将塞罕坝精神融入理想信念教育，通过坚定马克思主义信仰与创新工作方法，激励青年投身生态文明建设。王宏德、魏沧波则提出从中华优秀传统文化视角切入，通过挖掘“艰苦创业”等传统美德，增强精神传承的文化根基。近年来，研究视角逐渐向分众化、具体化方向拓展。王占龙等提出构建分众化传承模型，通过教育、旅游、文艺等多渠道实现精准传播。吴丹萍探索主题性美术创作在精神传承中的作用，建议通过展览、公共艺术及科技融合创新传播形式。严晓丽等则针对医学院校，提出将塞罕坝精神融入课程思政，培养“医德双修”的医学人才。此外，战玉建等、徐东黎等分别从职业品质养成与高校思政教育角度，提出具体融入策略。

总之，国内学界对塞罕坝精神的研究已形成较为系统的成果，但仍存在不足。现有研究多聚焦内涵解读与价值分析，对精神生成的历史逻辑与实践机制探讨不足；传承路径研究虽提出多样化策略，但缺乏实证评估与长效机制设计。未来研究可进一步拓展国际视野，结合全球生态治理需求，挖掘塞罕坝精神的世界意义；同时加强跨学科研究，深化其与乡村振兴、高质量发展等国家战略的耦合机制分析。此外，利用数字化技术创新传播方式，推动塞罕坝精神在青年群体中的深度认同，亦是值得关注的方向。

（二）国外研究现状

国外对“塞罕坝精神”的研究很少，但是对塞罕坝林业建设和“塞罕坝精神”是高度认可的。尽管以“塞罕坝精神”“生态文明”为关键词的直接研究在国外学术界尚未形成系统成果，但塞罕坝林场的生态奇迹及其蕴含的精神价值已引发国际社会的广泛关注。联合国环境规划署将塞罕坝列为世界生态文明建设的典型范例，并于2017年授予其建设者“地球卫士奖”，标志着中国生态文明实践获得全球认可。联合国副秘书长埃里克·索尔海姆指出，塞罕坝的成功证明了退化生态系统的可修复性，其基于生态文明理念的实践为全球生态治理提供了中国智慧，因此他呼吁国际社会借鉴中国经验。巴西环保专家马塞洛·富尔塔多进一步强调，塞罕坝的实践不仅为发展中国家提供了生态修复的路径，更彰显了中国作为负责任大国在全球可持续发展中的引领作用。塞罕坝精神的国际影响力还体现在其对“人类命运共同体”理念的诠释上。联合国环境规划署发言人纳伊桑·萨巴认为，塞罕坝的建设体现了中国政府将生态文明纳入国家战略的决心，其成果不仅改善了区域生态环境，更通过应对气候变化等全球性挑战，为构建人类命运共同体提供了实践样本。塞内加尔专家蒂埃里·德奥利维拉则以非洲森林退化问题为参照，指出塞罕坝模式为发展中国家解决生态危机提供了可操作的方案，其经验具有跨文化的借鉴意义。

同时，国外学者虽未直接提出“塞罕坝精神”这一概念，但其生态思想与塞罕坝实践存在显著共鸣。20世纪中叶，西方学界对工业文明的反思催生了一批生态经典著作。利奥波德在《沙乡年鉴》中提出“土地伦理”概念，主张将人类视为生态共同体的平等成员，强调对自然的责任与尊重。蕾切尔·卡逊在《寂静的春天》中揭露了化学污染对生态系统的破坏，呼吁人类重新审视技术滥用的后果。这些著作虽未直接论及“生态文明”，但其核心理念与塞罕坝精神中“人与自然和谐共生”的价值取向高度契合。

20世纪后期，生态马克思主义的兴起为理解塞罕坝实践提供了理论框架。美国学者保罗·伯克特在《马克思与自然：一种红与绿的视角》中提出“马克思的生态学”概念，强调生产活动受自然规律制约，需实现社会与自然的协调发展。德国哲学家A.施密特在《马克思的自然概念》中进一步指出，自然与社会是辩证统一的，人类对自然的改造必须遵循生态规律。这些理论为塞罕坝林场通过科学造林实现生态修复提供了哲学支撑。加拿大环境学家威廉·莱斯在《自然的控制》中批判了技术理性对自然的异化，主张通过限制资本扩张实现生态平衡，这与塞罕坝人“绿色发展”的实践逻辑形成呼应。美国学者丹尼尔·A.科尔曼在《生态政治：建立一个绿色社会》中指出生态环境的破坏与资本主义制度之间存在着一定的联系，同时认为生态危机产生的根本原因在于政府的权力集中以及民主的丧失。英国学者戴维·佩珀在《生态社会主义：从深生态学到社会正义》一书中对其生态社会主义思想作了集中、详细阐述，明确指出只有建立生态社会主义，才能从根本上使由资本主义所造成的生态危机得以解决，并且发出了构建一个人类与自然和谐相处的生态社会主义社会的倡议。

当前国外对塞罕坝精神的研究仍停留在实践层面的肯定上，缺乏对其精神内涵的学理分析。西方学者虽认可塞罕坝的生态成就，但多从技术或经济视角解读，未能深入挖掘其背后的文化基因与制度优势。例如，塞罕坝精神中“牢记使命”的政治担当、“艰苦创业”的奋斗传统，与中国共产党领导下的集体主义文化密切相关，而这一维度在西方个人主义语境下往往被忽视。此外，国外学术界尚未形成与“生态文明”完全对应的理论体系。尽管“可持续发展”“绿色经济”等概念被广泛讨论，但西方学者更多关注生态保护与经济增长的平衡，较少将生态问题提升至文明形态转型的高度。塞罕坝精神将生态文明纳入国家战略，通过制度创新（如生态补偿机制）与社会动员（如全民义务植树）实现系统性变革，这一实践为全球生态治理提供了新范式。美国生态学家约翰·贝拉米·福斯特在《马克思的生态学》中提出的“生态唯物主义”，虽强调社会制度对生态危机的影响，但未能充分探讨社会主义制度在生态建设中的独特优势，而塞罕坝的成功恰好填补了这一理论空白。

塞罕坝精神作为中国生态文明建设的标志性成果，其国际价值不仅在于生态修复的技术经验，更在于其对人类文明发展路径的哲学思考。尽管国外研究尚未形成系统的理论体系，但塞罕坝实践已通过联合国等国际平台产生了示范效应。未来，随着全球生态危机的加剧，塞罕坝精神所蕴含的“人与自然生命共同体”理念，或将为破解生态困境提供更具普适性的中国方案。

四、研究目标与主要内容

（一）研究目标

本研究以“塞罕坝精神的生态文明价值体系构建”为核心目标，聚焦以下四个维度的系统探索：

一是历史辩证法维度。通过马克思主义历史辩证法视角，揭示塞罕坝精神从“荒漠变林海”的实践中生成的历史必然性。重点剖析三代塞罕坝人在物质生产与精神生产互动中形成的价值共识，论证塞罕坝精神作为生态文明时代精神产物的历史合理性。

二是叙事内涵维度。构建塞罕坝精神的叙事分析框架，解析“牢记使命、艰苦创业、绿色发展”核心内涵的话语建构机制。结合口述史、影像资料等多元文本，挖掘精神谱系中的集体记忆符号，阐释其超越地域限制的普适性价值内核。

三是生态现代化维度。探索塞罕坝精神在当代中国生态文明建设中的实践转化路径。通过案例研究方法，分析塞罕坝模式在碳汇交易、生态补偿、绿色产业等领域的创新经验，论证其对“双碳”目标实现的方法论价值。

四是全球价值维度。从人类命运共同体视角，评估塞罕坝精神对全球生态治理的范式启示。通过比较研究，揭示其与西方生态中心主义、深层生态学的本质差异，提出具有中国特色的生态治理智慧的国际传播策略。

本研究旨在突破传统精神研究的地域局限性，构建具有理论创新价值的生态文明话语体系，为新时代生态文明建设提供可复制、可推广的实践范式，助力全球生态治理体系变革。

（二）主要内容

第一章为引言部分。

第二章生成论，即塞罕坝精神的历史辩证法。该章系统考察塞罕坝精神生成的理论逻辑、文化逻辑、历史逻辑、实践逻辑，以马克思主义历史辩证法为方法论基础，系统阐释塞罕坝精神生成的四维逻辑体系。研究发现，塞罕坝精神的生成既是马克思主义生态理论中国化的实践产物，也是中华优秀传统文化创造性转化的现代结晶，更是中国共产党领导生态文明建设的历史必然。在理论逻辑层面，研究揭示塞罕坝精神根源于马克思主义人与自然关系理论的辩证展开。通过物质变换理论的中介作用，三代塞罕坝人将“人与自然物质变换断裂”的危机转化为生态修复实践，在重构物质循环系统的同时实现精神价值的跃迁。这一过程既遵循马克思主义生态学说的科学立场，又通过中国化时代化的创新发展，形成了具有中国特色的生态治理理论范式。在文化逻辑层面，研究挖掘塞罕坝精神的传统文化基因。“天人合一”哲学为生态智慧提供了本体论支撑，其核心在于实现自然法则与人文价值的辩证统一；“艰苦奋斗”精神通过实践唯物主义重构，形成了具有现代性特质的创业伦理；“集体主义”文化在生态治理中升华为“集体力”理论，实现了由“家国同构”向“人类命运共同体”的价值跃迁。这些文化基因在社会主义劳动实践中实现创造性转化，构成塞罕坝精神的深层文化密码。在历史逻辑层面，研究梳理塞罕坝精神生成的三个历史阶段：社会主义革命和建设时期以“向自然开战”为起点，形成战天斗地的创业精神；改革开放新时期实现生态观念从“人定胜天”到“和谐共生”的哲学演进，推动实践模式从单一造林向系统治理转型；新时代以来，“生命共同体”理念重构精神谱系，实现从地方经验到国家战略的历史性跨越。这种历时性演进印证了马克思主义历史辩证法的螺旋上升规律。在实践逻辑层面，研究揭示塞罕坝精神的三重实践创新：在制度层面，通过“接力传承”“责任追溯”等机制实现制度性实践创新；在技术层面，以“马蹄坑造林法”等技术突破完成技术性实践辩证突破；在文明层面，通过构建“绿色生态生产力”实现文明形态创新。这种实践创新既遵循“否定之否定”规律，又体现“跨越卡夫丁峡谷”的制度优势，构成生态文明新形态的实践范本。总之，塞罕坝精神的生成过程本质上是马克思主义自然观中国化的历史见证，其四维逻辑体系共同诠释了“历史合力论”的生态实践版本。这种生成论不仅为理解中国生态文明建设提供了新的理论视角，更为全球生态治理贡献了具有东方智慧的历史辩证法。

第三章内容论，即塞罕坝精神的叙事内涵。该章从媒介哲学与空间理论视角切入，系统解构塞罕坝精神的叙事生成机制。通过“物质基体－关系构续－递升跃迁"的三重分析框架，揭示塞罕坝作为精神生产资料的媒介本质。研究发现，塞罕坝森林生态系统不仅是精神生产的物质载体，而且其动态演化过程本身构成了精神交往的实践场域。制度文本与身体实践的双重编码系统，既维系着代际传承的稳定性，又为精神创新提供了开放性空间。在环境媒介化的三重进路中，研究提出"有机物"与"人造物"的物质性展现构成了生态文明叙事的物质基础。通过追溯"物"的生成谱系、强调"物"的操演实践，揭示塞罕坝叙事如何突破传统主客二分的认知框架。作为"边界物"的生态治理实践，既连接着科学话语与民间智慧，又在不同实践场域间建立对话机制。而作为"代理物"的生态系统，不仅承载着人类价值投射，更通过内在性意涵重构着人与自然的关系范式。在生态空间叙事的合理性存在层面，该章通过空间批判理论揭示塞罕坝生态空间革命的三重维度：以生产力革命为基础，以伦理革命重塑价值坐标，以制度变革开辟实践路径。研究指出，塞罕坝生态空间重构既是对"空间拜物教"的超越，更是对空间正义的实践性诠释。这种重构不仅表现为物理空间的生态修复，更体现为社会关系空间的革命性变革。在生态文明空间叙事的三大转向中，研究发现：物质空间转向通过环境媒介化与媒介社会化的双向运动，重构着人类对自然的感知方式；精神空间转向突破线性叙事框架，形成叠加态的精神化呈现；社会空间转向则在具体与抽象的辩证统一中，凝聚着生态共识的社会化生产关系。这三重转向共同构建了塞罕坝精神叙事的立体化架构，为理解生态文明时代的空间生产提供了新的理论范式。

第四章实践论，即塞罕坝精神的生态现代化演绎。该章聚焦塞罕坝模式的当代转化路径，以马克思主义实践哲学为指导，系统阐释塞罕坝精神在生态现代化进程中的实践逻辑与创新路径。研究发现，塞罕坝模式通过"制度－技术－文化"三维实践创新，为破解生态和发展矛盾提供了中国方案，其核心在于实现生态治理从传统模式向现代范式的革命性跃迁。在生态治理现代化的时代要求层面，研究揭示塞罕坝实践契合筑牢生态安全屏障的战略定位。通过构建生态国家政策工具，将生态修复纳入社会主义本质要求，形成中国特色社会主义道路的生态维度。在理论应答方面，塞罕坝模式突破资本主义现代性困境，以马克思主义生态观为指导，实现生态保护与经济发展的辩证统一，验证了“绿水青山就是金山银山”的实践真理。生态现代化的原则遵循体现三重价值导向：其一，构建以人民为中心的生态治理共同体，强化党对生态治理的政治领导，确立公共利益本位的价值坐标；其二，坚守生态理性的本体关切，将生态规律作为实践出发点，通过技术创新实现生态价值与经济价值的有机统一；其三，统筹生态正义与代际正义，在资源分配中兼顾空间公平与时间公平，建立代际补偿机制，确保发展成果共享。在实践路径层面，研究提出“三位一体”的要素驱动体系：通过自然资源资产产权制度改革，建立生态产品价值核算与交易机制；依托生态法的能动性建构，形成“源头预防—过程控制—损害赔偿—责任追究”的制度闭环。数字技术与生态修复的深度融合，体现马克思科技思想的当代发展，通过无人机监测、区块链碳汇交易等技术创新，实现生态治理的精准化与智能化。生态文明叙事的双重路向，则以红色基因凝聚生态政治认同，通过全球话语重构提升中国生态治理的国际话语权。总之，塞罕坝精神的生态现代化演绎，本质上是马克思主义实践观在生态文明领域的创造性转化。其通过制度创新破解“公地悲剧”、技术创新突破“增长极限”、文化创新重塑“发展范式”，为全球生态治理提供了兼具理论创新性与实践可操作性的中国方案。这种实践路径既遵循生态现代化的普遍规律，又彰显中国特色社会主义的制度优势，为人类文明新形态提供了生态维度的实践范本。

第五章价值论，即塞罕坝精神的世界意义。该章从人类文明转型与全球治理视角，系统阐释塞罕坝精神的世界历史价值。研究表明，塞罕坝模式突破了西方生态中心主义的理论窠臼，以马克思主义生态观为指导，为人类文明新形态提供了具有东方智慧的实践范本。在引领人类文明新形态的价值取向上，塞罕坝精神展现出双重革命性：其一，通过重构人与自然的物质变换关系，破解资本逻辑导致的生态异化，实现从“利润最大化”向“生态可持续”的范式转型；其二，超越人类中心主义与生态整体主义的二元对立，构建“人与自然生命共同体”的伦理新范式，为文明形态演进提供价值坐标。这种价值取向既继承马克思主义自然观的批判性，又融入中国传统“天人合一”哲学的现代性转化，形成具有东方特质的生态伦理体系。在推进“人类命运共同体”形成的大国责任层面，塞罕坝经验有三重国际贡献：技术层面，通过“樟子松引种技术”“无人机造林监测系统”等技术输出，为发展中国家提供低成本生态修复方案；制度层面，以集体林权制度改革为基础的生态权益交易机制，为全球生态治理提供制度创新样本；文明层面，以“人类命运共同体”理念重塑全球生态治理话语体系，推动文明对话从“冲突对抗”转向“共生共荣”。这种责任担当既彰显中国共产党“为人类谋大同”的初心，又为新型国际关系构建提供生态伦理支撑。全球生态建设的启发与展望方面，塞罕坝模式贡献三大实践路径：一是超越生态殖民主义，通过“南南合作”机制实现发展中国家生态治理能力建设的自主性提升；二是突破单边主义困境，构建“共同但有区别的责任”多边协同机制，推动《巴黎协定》目标的具体化实施；三是促进文明话语转型，将“生态产业化、产业生态化”的中国经验升华为全球生态文明转型的实践图景。这种路径创新既保留本土实践的特殊性，又提炼出具有普适性的生态治理智慧，为破解“环境种族主义”“碳关税壁垒”等全球治理难题提供新方案。总之，塞罕坝精神的世界意义在于其揭示了一条超越西方现代化道路的生态文明新路径。它通过制度创新打破“环境库兹涅茨曲线”的宿命论，通过技术创新实现生态修复的指数级突破，通过文化创新重塑人类文明的价值根基。这种实践不仅为全球生态治理提供“中国方案”，更在文明转型层面诠释了马克思主义“世界历史”理论的生态版本，为人类文明新形态的构建提供了具有东方智慧的历史辩证法。

五、研究方法

本研究通过多学科交叉方法，按历史考察、理论阐释、现实研究、实践探讨的逻辑思路，构建起从历史生成到当代实践、从本土经验到全球价值的完整分析框架，为理解中国生态文明建设的深层逻辑提供新的理论视角。具体研究方法如下。

（一）系统分析法

本研究运用系统论思维，将塞罕坝精神视为包含生成论、内容论、实践论、价值论的有机整体。在生成论维度，通过分析马克思主义生态观、中华传统文化、中国共产党执政理念的交互作用，揭示精神谱系的系统演化规律；在内容论层面，构建“政治伦理－实践理性－科学发展”的三维价值结构模型，解析核心内涵的协同机制；在实践论领域，建立“制度创新－技术突破－文化培育”的实践要素矩阵，探讨生态治理现代化的系统解决方案；在价值论层面，运用耗散结构理论分析塞罕坝模式与全球生态治理系统的能量交换，论证其对人类文明形态转型的范式价值。系统分析法贯穿研究始终，确保各维度研究既保持独立性又形成逻辑闭环。

（二）历史研究法

研究采用历史辩证法的分析路径，通过纵向考察塞罕坝林场从 1962 年建场至今的发展历程，构建“荒漠—绿洲—生态文明示范区”的三阶段演进模型。在史料挖掘方面，综合运用档案文献、口述史访谈、影像资料等多元载体，还原三代造林人接力奋斗的历史场景；在理论阐释层面，结合马克思主义历史合力论，解析政治决策、技术进步、文化传统等多重因素在精神生成中的作用机制。重点考察不同历史时期的政策文本（如《塞罕坝机械林场总体规划》）与实践成果（如马蹄坑造林法），揭示“人地关系”从对抗到和解的哲学演进轨迹，为理解塞罕坝精神的时代性提供历史纵深。

（三）案例分析法

研究以塞罕坝林场为核心研究案例，构建“微观—中观—宏观”的三级分析框架。在微观层面，选取“樟子松引种技术突破”“生态补偿机制创新”等典型事件，运用过程追踪法解析技术实践与制度变革的互动关系；在中观层面，通过 SWOT 分析评估塞罕坝模式在京津冀协同发展中的生态屏障功能；在宏观层面，结合联合国环境规划署评估报告，论证塞罕坝经验对全球生态治理的示范效应。同时引入正反案例对比，如与库布齐沙漠治理模式进行异同比较，提炼具有普适性的生态治理规律。案例研究注重质性分析与量化研究的结合，通过统计数据（如森林覆盖率、碳汇储量）验证理论假设。

（四）比较分析法

研究采用跨文化比较视角，构建中西生态治理模式的对话平台。在理论层面，将塞罕坝精神的“人与自然生命共同体”理念与西方深层生态学、生态马克思主义进行比较，揭示其超越“人类中心主义”与“生态中心主义”二元对立的理论创新；在实践层面，对比分析塞罕坝政府主导型生态治理与美国黄石国家公园市场主导型管理模式的差异，论证中国特色社会主义制度在生态修复中的制度优势；在价值层面，通过梳理《巴黎协定》与“一带一路”绿色发展北京倡议的实践差异，阐释塞罕坝模式对构建新型国际关系的伦理启示。比较研究注重语境化分析，避免简单化类比，有利于凸显中国方案的文化独特性与时代适应性。

（五）跨学科交叉法

研究整合生态学、政治学、社会学、哲学等多学科理论工具。在生态学领域，运用景观生态学原理分析“山水林田湖草”系统治理的科学依据；在政治学领域，借鉴新制度主义理论解析生态保护红线制度的建构逻辑；在社会学领域，运用社会动员理论研究全民义务植树活动的参与机制；在哲学领域，融合马克思主义实践哲学与中国传统“天人合一”思想，构建生态文明的价值论基础。通过跨学科交叉，本研究突破单一学科的视域局限，形成“生态－政治－社会－文化”的复合分析框架。

综上所述，上述研究方法的综合运用，使本研究既保持理论深度又具备实践解释力。系统分析法确保研究的整体性，历史研究法赋予理论的纵深感，案例分析法提供实证支撑，比较分析法拓展国际视野，跨学科交叉法则增强理论创新活力。这种方法论创新不仅深化了对塞罕坝精神的学术认知，更为中国特色生态文明理论体系的构建提供了方法论范例。

六、研究难点重点

本研究的难点在于理论创新与跨学科整合，重点在于实践逻辑与全球价值的阐释。通过突破传统研究范式，为国内生态文明建设提供理论支撑，为全球生态治理贡献东方智慧，有利于彰显中国共产党在人类文明新形态构建中的历史主动性。

一是理论建构的难点。研究的核心难点在于构建具有解释力的理论分析框架。将塞罕坝精神的实践经验升华为具有普遍意义的理论范式，既需要突破西方生态理论的话语霸权，又要避免陷入本土化叙事的局限。具体表现为：在生成论层面，需厘清马克思主义生态观、中华传统文化、中国共产党执政理念的交互作用机制；在内容论层面，需解构“牢记使命、艰苦创业、绿色发展”三位一体的价值结构与现代性转化路径；在价值论层面，需论证“人与自然生命共同体”理念对人类文明形态转型的范式价值。

二是跨学科研究的难点。研究涉及生态学、政治学、社会学、哲学等多学科交叉，难点在于实现理论工具的有机整合。例如：在媒介哲学与空间理论的融合中，如何界定“环境媒介化”的实践边界与理论张力；在生态马克思主义与中国传统“天人合一”思想的对话中，如何把握批判继承与创造性转化的平衡。

三是全球比较的难点。将塞罕坝精神置于全球生态治理语境中进行比较研究，面临三重挑战：西方学界对“生态文明”概念有认知差异，需构建具有对话性的理论阐释框架；不同文化背景下的生态治理模式具有不可通约性，需提炼具有普适性的实践智慧；国际传播中存在话语转换问题，需将本土经验升华为具有全球解释力的理论体系。

四是实践转化的重点。研究的重点在于揭示塞罕坝精神的实践逻辑与创新路径：在制度创新方面，需深入剖析“生态保护红线制度”“生态补偿机制”等制度设计的内在机理；在技术创新方面，需系统总结“樟子松引种技术”“无人机造林监测系统”等技术突破的方法论价值；在文化创新方面，需探索“全民义务植树”“生态道德教育”等社会动员机制的长效性建设。

五是价值阐释的重点。研究的核心重点在于论证塞罕坝精神的世界历史意义：在文明转型层面，需揭示其如何突破“利润最大化”的资本逻辑，构建“生态可持续”的发展范式；在全球治理层面，需提出“共同但有区别的责任”原则的具体化实施路径；在伦理建构层面，需论证“人与自然生命共同体”理念对超越“人类中心主义”与“生态中心主义”二元对立的理论贡献。

第二章　生成论：塞罕坝精神的历史辩证法

“生成”不是一种可以通过反向过程来理解的过程，它是一种独特的现实，不依赖于固定的主体或目标。它是创造性的，它产生自身的现实，而不是简单地模仿或生成另一个实体。它是一个真实的过程，但它不涉及模仿或简单的相似性。

——吉尔·德勒兹《生成动物》

马克思指出，历史的全部运动，既是它的现实的产生活动——它的经验存在的诞生活动，——同时，对它的思维着的意识来说，又是它的被理解和被认识到的生成运动。研究、阐释、弘扬塞罕坝精神首先要追本溯源，从生成性思维来理解和把握其生成论，既包括从理论逻辑、文化逻辑、历史逻辑与实践逻辑等方面的透视，也涵盖塞罕坝精神生成路径的探究。站在人类文明新形态的起点上，塞罕坝精神的生成，绝非一种预成论或既定论的思维方式、一种抽象概念的凌空蹈虚，而是注重“确定性”“普遍性”“共同性”“稳定性”的，多重要素相互交织、彼此涵纳共振的产物。它不仅是历史唯物主义环境正义理论的在地性显影，也是中华传统文化中“天人合一”智慧的现代性转译，还是中国共产党领导下生态治理实践的史诗性凝结，更是对全球生态危机的中国式回应。

第一节　理论逻辑：马克思主义生态学说的科学立场

马克思、恩格斯在工业革命不断推进、生态环境遭受严重破坏的时代背景下，站在哲学的高度，于《英国工人阶级状况》《自然辩证法》《资本论》等著作中批判地继承了黑格尔辩证法思想和费尔巴哈旧唯物主义思想，创造性地提出了人与自然的辩证关系理论、物质变换理论以及资本主义生态危机的本质理论。而马克思主义生态理论或马克思主义生态学，并不限于马克思、恩格斯本人的“生态（环境）思想（观）”“人与自然关系思想”或“生态文明理论”，而是有更为宽泛意义上的理论意涵。具体来说，它不仅从思想论域上涵盖了马克思主义哲学视域下人与自然的辩证关系理论、马克思主义政治经济学视域下资本（反生态）的逻辑批判及其超越理论、科学社会主义理论视域下作为一个系统性整体的中国特色社会主义理论的生态维度，还从思想谱系上包括了马克思、恩格斯等经典作家，欧美生态马克思主义者和当代中国马克思主义生态学者的有关论述。而锚定马克思主义生态学说的科学立场，不难发现，塞罕坝精神的理论生成逻辑既揭示了资本主义生产方式将自然降格为“有用性”客体的异化逻辑，又阐明了“自然向人生成”与“人向自然回归”的双向运动规律，为“自然的社会历史性”与“社会的自然物质性”的辩证统一提供理论意义上的言说可能。

一、开创于马克思主义人与自然关系理论

马克思主义人与自然关系理论的核心在于揭示二者的社会历史文化辩证互动本质。其生态意蕴集中体现在双重维度：一方面承认自然生态系统的唯物主义本体论先在性与客观规律性，另一方面强调人与自然关系的历史建构性与社会嵌入性。塞罕坝精神生成逻辑恰好完整诠释了这一理论框架的实践向度。而塞罕坝精神“忠于使命、艰苦奋斗、科学求实、绿色发展”的核心理念，本质上是马克思主义自然观的实践升华：既坚守“自然向人生成”的

唯物主义立场，又彰显“人化自然”的历史主动性。

（一）以人与自然的辩证关系为生成开端

在对黑格尔、费尔巴哈等的思想进行批判的基础上，马克思、恩格斯提出了科学的人与自然辩证关系理论，揭示了人与自然关系的本质所在。“塞罕坝精神”的生成逻辑，本质上是马克思、恩格斯人与自然辩证关系理论在当代中国生态文明建设中的实践映现。这一精神的理论渊源可追溯至马克思主义对德国古典哲学的批判性超越，黑格尔辩证法中“自然是过程集合体”的发展观与“人通过实践与自然结合”的主体性思想，为理解塞罕坝从“黄沙遮天日”到“绿野万里波”的生态变迁提供了历史辩证法的维度；而费尔巴哈关于“自然是客观实在”“人依于自然界存在”的唯物主义立场，则构成塞罕坝人尊重自然规律、立足客观条件开展生态治理的哲学前提。但正如马克思所批判的，二者的根本局限在于未能在实践基础上把握人与自然的动态统一——黑格尔将自然沦为“绝对精神”的外化，费尔巴哈则将自然视为直观的对象，唯有马克思主义通过确立“实践的唯物主义”，为塞罕坝精神的生成提供了科学的理论范式。

马克思、恩格斯关于人与自然辩证关系的三重规定性，构成了“塞罕坝精神”的理论内核。

首先，自然先在性原则为塞罕坝生态修复确立了本体论根基。作为自然存在物的人，并没有创造物质本身。甚至人创造物质的这种或那种生产能力，也只是在物质本身预先存在的条件下才能进行。整个有机界从最初的动物形成到进一步分化出各个纲目科属种，从低等动物的产生到脊柱动物的发展，都是自然演化的结果。“人也是由分化而产生的”，这表明在人与自然的关系中自然位于本原地位，具有先在性。当塞罕坝人提出“尊重自然、顺应自然、保护自然”的治理理念时，实则是对“人本身是自然界的产物”这一马克思主义命题的当代诠释。坝上地区从原始森林到荒漠化的演变，印证了自然演化的客观规律性；而人工林的成功培育，则证明了“人创造物质的能力只能在物质预先存在的条件下进行”的唯物主义原理。塞罕坝人正是在承认自然先在性的基础上，通过选育适合当地气候的落叶松、樟子松等乡土树种，实现了对自然演化规律的顺应。

其次，人对自然的双重依赖性理论，为塞罕坝精神注入了生态伦理的内核。马克思关于“人靠自然界生活”的论断，在塞罕坝实践中具体化为对生态系统承载能力的敬畏。当建设者们提出“生态优先、绿色发展”的理念时，实则是将自然视为“人靠自然界生活”“人的无机的身体”——一方面，坝上森林的水源涵养功能直接维系着京津冀地区的生态安全，体现了自然作为生活资料的物质支撑作用；另一方面，林海雪原的壮美景观成为当代中国人精神生活的重要滋养，印证了自然作为“精神的无机界”的文化价值。这种双重依赖关系，促使塞罕坝人在半个多世纪的坚守中形成了“保护生态环境就是保护生产力”的价值共识。

最后，最为关键的是，实践基础上的人与自然辩证统一关系，构成了塞罕坝精神的方法论基础。马克思在《资本论》中提出的“劳动是人和自然之间的物质变换”理念，在塞罕坝体现为“生态治理是人与自然的物质能量双向流动”。建设者们通过“三北防护林”工程等实践活动，将太阳能、生物能转化为森林生态系统的有机物质，同时通过科学管理调节物质变换的速率与强度。这种实践既非黑格尔式的精神外化，亦非费尔巴哈式的消极适应，而是体现了“人作为能动的自然存在物”与“受动的自然存在物”的辩证统一——机械化造林技术的应用彰显了人的主观能动性，而“先治坡、后治窝”的建设顺序则体现了对自然制约性的尊重。正是在这种辩证关系中，塞罕坝人形成了“艰苦奋斗、科学求实”的实践品格。

因此，“塞罕坝精神”正是马克思、恩格斯生态思想的当代诠释，它以自然先在性为本体论基础，以人的双重依赖性为价值论导向，以实践辩证法为方法论核心，将“人与自然和谐共生”从历史唯物主义的理论命题转化为可操作的生态治理范式。这种精神的本质，是马克思主义实践哲学在生态文明领域的具体化——它既超越了西方生态中心主义的自然崇拜，又摒弃了人类中心主义的征服逻辑，在尊重自然规律的前提下发挥人的主观能动性，最终在北国荒原上书写了“绿水青山就是金山银山”的生动篇章。这一实践证明，马克思、恩格斯的生态思想并未因时代变迁而褪色，反而在当代中国的生态文明建设中持续彰显着理论生命力。

（二）以物质变换理论为生成中介

物质变换是《资本论》的核心思想之一。马克思、恩格斯将这一术语引入社会科学研究之中，其核心要义在于揭示劳动实践作为人与自然物质变换的中介作用。"'物质变换'原本是一个生物学用语，指生物与自然环境之间进行的以物质、能量和信息交换为基本内容的有机联系。"这一理论为"塞罕坝精神"的生成提供了双重中介，既解构了资本主义"掠夺式开发"造成的物质变换裂缝，又建构了生态文明建设中"合理调节物质变换"的实践范式。塞罕坝精神的理论生成，本质上是通过劳动实践重构物质变换关系的哲学演绎，其精神内核与马克思物质变换理论的三重向度形成深层呼应。

物质变换的本体论向度为塞罕坝生态修复确立了实践根基。马克思在《1844年经济学哲学手稿》中指出，劳动"是中介人和自然间的物质变换的活动"，这一论断在塞罕坝体现为对"自然必然性"的尊重。当建设者选择"适地适树"的造林策略时，实则遵循了"劳动必须以自然物质预先存在为条件"的原则，通过人工干预重建"植物－土壤－大气"的物质循环，将太阳能转化为森林生态系统的生物量，使"人化自然"重新纳入自然演化的物质变换链条。这种实践超越了黑格尔"绝对精神"外化的唯心主义自然观，也扬弃了费尔巴哈直观唯物主义的被动性，印证了马克思"劳动是人与自然物质变换的永恒基础"的判断。

物质变换的社会批判向度为塞罕坝精神注入了价值内核。马克思在《资本论》中批判的"城乡物质变换断裂"，在塞罕坝表现为对"人地关系"的重新校准。建设者通过"三北防护林"工程构建的"森林－草原－湿地"复合系统，践行了马克思"物质变换必须归还自然"的原则，使城市文明的技术成果（如机械造林、病虫害防治）反哺自然，使"从土地索取的有机质"通过落叶分解回归土壤，破解了资本主义"只取不还"的异化逻辑。这种"归还式"物质变换，培育了塞罕坝人"功成不必在我，功成必定有我"的责任伦理，使生态治理超越了资本逻辑的功利主义局限。

物质变换的实践理性向度为塞罕坝精神提供了方法论指引。其在塞罕坝具体化为"人工调控与自然修复"的辩证统一。一方面通过人工种植突破自然演替的时间局限，另一方面通过封山育林尊重生态系统的自组织规律。这种实践智慧，是对马克思“合理调节物质变换”思想的创造性转化——既肯定人的主观能动性（如“六女上坝”的艰苦奋斗），又承认自然的客观制约性（如遵循“植被演替规律”的科学求实）。从本质上说，塞罕坝森林生态系统的重建，是劳动实践将“自在自然”转化为“人化自然”的物质变换过程，也是自然规律通过劳动中介向人类展现其“社会历史性”的哲学过程。

至此，塞罕坝精神作为物质变换理论的再度中介性转化，其“牢记使命”指向马克思“人与自然和解”的历史任务，“艰苦创业”体现物质变换的劳动本质，“绿色发展”则是物质变换合理化的价值归宿。这种精神的生成，既非对自然的消极适应，亦非对自然的盲目征服，而是在物质变换的中介作用下，实现了“人－社会－自然”的系统性重构。它证明马克思物质变换理论并未因时代变迁而失效，反而在生态文明建设中彰显出强大的解释力——当劳动从异化状态回归其“自由自觉活动”的本质时，人类完全能够在尊重自然规律的基础上，创造出人与自然和谐共生的文明形态。塞罕坝的绿色奇迹，本质上是马克思“物质变换合理化”设想的当代诠释，为全球生态治理提供了基于实践唯物主义的东方智慧。

二、深耕于马克思主义生态学说的中国化时代化

塞罕坝精神的理论生成逻辑，本质上是马克思主义生态学说与中国具体实践相结合的时代产物，其思想根系深深扎入马克思主义基本原理的土壤，又在中国生态文明建设的实践中生长出具有原创性的理论形态。这一过程不仅验证了马克思“劳动是人类生存的永恒自然条件”的论断，更在公有制基础上创造了“生态效益与社会效益统一”的新型劳动关系，延续了马克思“人的自由全面发展”的终极指向，是符合生态社会绿色发展的规律性认知，也秉承了生态自觉的理论意识和价值意识。

（一）马克思主义生态理论

马克思主义生态理论为塞罕坝精神的生成提供了深层的理论逻辑与价值内核，其理论体系通过三个相互关联的维度构成了生态文明思想中国化时代化的哲学基础。

首先，马克思主义关于人与自然同源共生的自然观，为塞罕坝精神奠定了理论根基。马克思在《1844年哲学经济学手稿》中指出，“人是自然界的一部分”，人的肉体组织与自然环境构成“无机的身体”关系，这种本源联系决定了人类活动必须以自然规律为前提。塞罕坝精神的实践逻辑正是基于这一原理，当人们意识到“吃、喝、住、穿”等自然需要必须依赖地理、气候等自然条件时，便摒弃了“人定胜天”的盲目性，转而在尊重地质条件、山岳水文地理条件的基础上展开生态修复。恩格斯在《自然辩证法》中强调的“我们的肉、血和头脑都是属于自然界和存在于自然界之中的”，在塞罕坝实践中转化为对生态系统整体性的认知——人类不是自然的征服者，而是自然链条中的能动环节，任何改造活动都必须遵循自然基础及其历史变更的客观规律。这种自然观超越了西方主客二分的机械论，为中国生态文明建设确立了“人－自然－社会”协同演化的理论原点。

其次，马克思主义关于人与自然关系的历史辩证法，为塞罕坝精神提供了实践范式。在自然界中，“从最小的东西到最大的东西，从沙粒到太阳，从原生生物到人”，所有事物都处于相互联系和永恒的变化中，都有产生、发展和灭亡的过程。在这里，自然界的整体性不是僵化的、不变的，而是不断处于运动变化中的，自然界是运动着的整体，自然界的运动也是整体的运动。马克思将人与自然的关系划分为“自然宗教式依附—工业文明式对立—共产主义式和解”三个阶段，这一历史逻辑在塞罕坝的生态变迁中得以具象化。在农耕时代，人类对自然的“纯粹动物式意识”形成了原始平衡，但过度垦殖导致土地沙化，印证了马克思对“人与自然物质变换断裂”的批判；工业文明时期的“唯意志论”加剧了这种断裂，使塞罕坝沦为“黄沙遮天日”的荒原。而塞罕坝人通过三代人接力造林实现的生态逆转，恰恰体现了马克思所预言的第三阶段特征，即通过社会性劳动重建“人与自然的和谐”。这种和谐不是回归原始依附，而是以“劳动作为中介”的辩证统一——既承认“人靠自然界生活”的受动性，又发挥“人化自然”的能动性。在塞罕坝实践中具体化为“科学求实”的治理原则，通过研究“光热水土”的交互作用规律，以“适地适树”的生态工程实现“自在自然”向“人化自然”的创造性转化，这正是对“劳动是人与自然物质变换中介”理论的时代诠释。

最后，马克思主义关于人的自由全面发展的历史目的论，为塞罕坝精神注入了终极价值指向。马克思将生态权益视为“人的自由发展的基础性权益”，认为只有在“社会化的人，联合起来的生产者，将合理地调节他们和自然之间的物质变换”的社会形态中，才能实现“自然界的真正复活”与“人的自然主义的实现”。自然界不是我们征服和支配的对象，我们“决不像站在自然界之外的人似的去支配自然界”。人类应该认识到人与自然关系的一体性，人并不是外在于自然界的，人生活于自然界之中，人不是自然界的统治者、支配者。塞罕坝从生态危机到生态修复的转变，本质上是通过集体林权制度、生态补偿机制等生产方式调整，从而消除人与自然对立的社会根源，使劳动者从“自身卑劣行为的奴隶”中解放出来。

当塞罕坝人将“绿水青山”转化为“金山银山”时，他们不仅重构了人与自然的物质关系，更在实践中创造了“人－自然－社会”三位一体的发展模式。这种模式超越了资本逻辑下“为我自然”的功利性开发，指向马克思设想的“自由人联合体”——在那里，生态治理不再是被迫的生存手段，而是“人的本质力量的对象化”过程，是“每个人的自由发展成为一切人自由发展的条件”的生动体现。塞罕坝精神所蕴含的“永续发展”理念，正是马克思主义历史目的论在中国实践中的具象化，它将生态治理与人的解放、社会进步熔铸为有机整体，为生态文明新形态提供了价值范式。而马克思主义生态理论与塞罕坝精神的理论耦合，本质上是马克思主义基本原理同中国生态治理实践相结合的产物。它以“人与自然同源共生”的自然观为逻辑起点，以“劳动中介下的关系辩证法”为实践路径，以“人的自由全面发展”为价值归宿，印证了生态文明建设的本质是“人向自身、向社会的即合乎人性的自然的复归”。

（二）马克思主义科技自然力思想理论

马克思主义科技自然力思想为塞罕坝精神的生成提供了深层理论基因，其中国化时代化的演进轨迹，本质上是马克思关于“科学技术是人与自然物质变换中介”理论的实践展开。在《资本论》中，马克思揭示了科技与自然力的辩证关系：一方面，科学是“历史的有力杠杆”，是“最高意义上的革命力量”，它通过揭示“阳光、空气、土地”等自然力的运行规律，将自在的自然力转化为“社会地控制的自然力”；另一方面，自然力作为“不费分文”的生产力，其效能边界由“自在”自然的物质性所规定，科技应用必须遵循“自然物质代谢规律”。这种辩证关系在塞罕坝的生态治理中，具体化为“科技赋能自然力”与“自然制约科技应用”的动态平衡，构成了生态文明思想中国化时代化的逻辑起点。

马克思对科技本质的哲学定位，为塞罕坝人处理“人－技－自然”关系提供了方法论基础。在《德意志意识形态》中，马克思批判了费尔巴哈对科技的直观理解——在曼彻斯特只看见工厂和机器，指出科技本质是“人的生产力的发展即财富的发展”的实践形式。塞罕坝的生态修复工程，正是这种科技观的当代诠释。20世纪60年代，建设者们针对坝上“风季无日不刮沙”的自然困境，通过引进苏联机械造林法与自主研发全光育苗技术，将风力、阳光等自然力转化为可调控的生态要素。这种科技应用不是黑格尔式的“精神外化”，而是马克思所强调的“以自然物质预先存在为前提”的对象性活动——通过测定坝上地区年均气温零下1.4摄氏度等自然参数，选育出耐寒的樟子松品种，使科技真正成为“人与自然物质变换的中介”。

马克思关于“自然力双重属性”的论述，在塞罕坝实践中升华为独特的生态治理逻辑。一方面，自然力作为“无偿的生产力”，其效能释放依赖科技水平——塞罕坝人通过“三北防护林体系”工程，将太阳能转化为森林生态系统的生物量，使单位面积固碳能力提升30%；另一方面，自然力的“自在边界”要求科技应用必须遵循生态阈值，正如马克思警示的“社会地控制自然力，节约地利用自然力”。在实践中，这种控制体现为“生态承载力评估—科技方案设计—治理效果反馈”的闭环系统，通过遥感技术监测土壤沙化指数，运用水土保持学原理设计等高线造林模式，使人工林密度控制在每亩110—130株的生态合理区间，既避免“过密导致地力衰竭”，又防止“过疏达不到固沙效果”，实现了科技理性与自然规律的辩证统一。

新时代下，塞罕坝精神对马克思主义科技自然力思想的创新发展，集中体现在“数字技术重塑自然力”的理论突破上。习近平提出的“新质生产力就是绿色生产力”的论断，将马克思“科学作为观念财富”的思想推进到数字时代。塞罕坝智慧林场系统通过5G传感器采集10万多个生态数据节点，运用人工智能算法模拟森林生长周期，使阳光、水分、土壤等自然力的配置精度提升至米级。这种“数绿融合”模式，既延续了马克思自然力是生产力自然基础的本体论立场——数字技术不创造自然力，而是优化自然力的时空配置效率；又发展了科技是直接生产力的论断——通过数字孪生技术，将“潜在的自然力”转化为“可计算的生态产品价值”。《塞罕坝生态系统生产总值（GEP）核算报告》显示，这种科技应用使森林资源资产价值较20世纪60年代增长400倍，印证了马克思“生产力发展 = 自然力开发 × 科技乘数”的理论逻辑。

至此，塞罕坝精神的理论生成在马克思主义生态学说中国化时代化的进程下，以“科技是人与自然物质变换中介”为逻辑起点，既非对经典理论的机械复制，亦非对西方生态理论的简单移植，而是立足中国实践的理论创新，将马克思“社会地控制自然力”的哲学命题具体化为“生态产业化、产业生态化”的理论智慧。

第二节　文化逻辑：根植于中国传统文化中的优秀基因

中国式现代化深深植根于中华优秀传统文化，体现得最为明显的是“人与自然和谐共生的现代化”这一特征。总体上看，“人与自然和谐共生的现代化”是中国共产党坚持把马克思主义基本原理同中国具体实际相结合、同中华优秀传统文化相结合的时代反映。在中国特色社会主义新时代，全面推进中国式现代化，实现第二个百年奋斗目标是当前及今后一段时期内中国最大的实际；对中国古代"天人合一""道法自然""万物并育"等传统生态文化的传承发展，是当前做到"第二个结合"的最好例证。塞罕坝精神的文化根系深植于中华文明五千年的生态智慧积淀，其生态治理实践本质上是传统文化基因的创造性转化。党的二十届三中全会强调，中国式现代化是人与自然和谐共生的现代化，这一理念在塞罕坝的生态治理实践中得到了生动体现。建设者们不仅遵循最严格的制度和法律法规来保护生态环境，更在行动中培育和塑造了人与自然、人与人、人与社会关系的和谐共生生态文化观。正如2023年印发的《中共中央 国务院关于全面推进美丽中国建设的意见》所提出的，要培育弘扬生态文化，健全以生态价值观念为准则的生态文化体系。塞罕坝的实践，正是对这一要求的积极响应，它强调"共生"的生态自然观、"民生"的生态价值观和"护生"的生态发展观，这些观念与《齐民要术》中"顺天时，量地利"的生态认知传统相契合，又通过智能监测系统与碳汇交易机制实现了生态价值的现代转换，不仅彰显了习近平所言"中华文明积淀的丰富生态智慧"的当代生命力，更为全球生态文明建设提供了具有东方智慧的创新性解决方案。

一、"天人合一"与塞罕坝的生态智慧：文化逻辑的哲学基础

我国有着丰富的人与自然和谐共生的传统生态文化观，"天人合一"是最基本的信念和基调。"天"指自然界中的一切存在；"人"指人类社会中思想、文化、社会制度等人为方面的内容；"合一"指天与人之间相互融合，达到和谐共生的境界。在中国传统社会，"天人合一"思想已经渗透到社会生活的各个领域，深刻影响着中国人的思想和行为。塞罕坝人正是在这种理论框架下，通过60余年的治沙造林探索，重塑了"天人合一"的当代实践范式，展现出对自然法则"限度内突破，规律中创新"的东方智慧。

（一）自然法则的遵循与超越

人与自然的和解是马克思生态文化观的核心要义与理论旨趣。以生态世界观为逻辑起点，马克思超越以往的观念论自然哲学和旧唯物主义自然本体

论，立足于劳动－实践对人与自然的动态交互关系作出全面阐述。塞罕坝的生态治理史，本质上是一部人类在尊重自然客观规律基础上实现主体性超越的实践哲学史。马克思主义自然观强调“人与自然物质变换”的辩证关系，既承认自然规律的先在性约束——“人在生产中只能像自然本身那样发挥作用”，又强调“通过实践创造对象世界”的主体能动性。

马克思明确指出：“被抽象地理解的、自为的、被确定为与人分隔开来的自然界，对人来说也是无。”无论是从观念世界中释放出的“自然界的思想物”，还是由“对象性直观”所把握的与人分离的客体自然，都不能成为现实的人之存在基础与改造对象，无法经由实践活动与人发生感性关联。只有将物质生产活动纳入研究视野，将锁闭在思想领域的人和自然界解放出来，才能彰显出人与自然对象性关系的多重意蕴与丰富内涵。塞罕坝并未停留于机械的“自然模仿”，而是通过技术创新实现对自然法则的创造性转化。在发现传统育苗法苗木成活率不足8%后，工作人员创造的全光育苗法打破了“遮阴保苗”的教条认知，使幼苗耐寒性与抗逆性倍增；针对高寒区林木生长缓慢问题，他们设计的三锹半植苗法通过精准根系定位突破土层冰障。这些技术革新表面上看似是对自然约束的突破，实质是深入自然系统内部规律后的重组优化。正如马克思强调的，最蹩脚的建筑师也比最灵巧的蜜蜂高明。塞罕坝人通过科学认知将自然规律转化为“为我所用”的规则体系。风速数据指导林带密度设计，土壤墒情监测驱动精准滴灌，年降水规律决定植被演替方案。这种实践路径既非“听天由命”的被动适应，也非“人定胜天”的盲目征服，而是在把握必然性基础上实现自由的生态创造。

森林覆盖率的质变，不仅是量的积累，更是生态生产力的质性飞跃。当人工林逐步形成稳定群落结构时，塞罕坝并未止步于“绿化达标”，转而通过精细化经营提升系统效能，混交林改造增强生物多样性，林隙补植促进群落演替，碳汇计量实现生态资本转化。这种升级实践对应着马克思“按照美的规律构造”的高级追求——在满足生存需求基础上追求生态系统的审美价值、伦理价值和生命价值。近年打造的“智慧林场”系统，通过物联网实时监控森林呼吸、土壤墒情与动物迁徙，将自然运行规律数字化再现，创造出“生态感知—智能分析—动态调控”的闭环系统，实现在更高维度对自然法则的遵循与超越。在马克思主义看来，"人与自然和解"的终极目标需要穿透主客体对立思维。塞罕坝的生态智慧恰恰印证了这一哲理，当第三代建设者放弃皆伐经济林的短期利益，转而建立禁伐保育区时；当林场职工从"伐木者"转型为"造林人"时；当碳汇交易收入反哺社区形成绿色经济循环时——这种发展路径已跨越工具理性层面，展现出自然规律认知与社会生产关系重构的高度统一，既镌刻着顺应自然法则的科学精神，更凝聚着创新生态治理规律的实践智慧，成为马克思主义"自然主义与人道主义统一"思想的最佳时代注脚。

（二）内在价值的觉醒与彰显

从价值的高度分析生态问题，其理论关注点即自然价值，这尤其被生态学学者所看重，比如早在 20 世纪 80 年代，李连科先生就指出："用价值论的语言来说，所谓的生态问题，就是自然价值问题。"在马克思生态文化观的价值坐标中，塞罕坝的绿色重生不仅仅是森林面积的数量突破，更标志着人类对自然内在价值的认知完成了从工具理性支配到生命共同体觉醒的质变。塞罕坝人已用 60 余年的实践将这一哲学命题具象化。当第三代建设者放弃皆伐 20 万亩成熟林的巨额收益而建立生态保护区，当林场年度预算中"林相优化支出"远超"木材销售收入"时，这种选择本质上是对资本逻辑的自觉突围，也是对"天人合一"传统智慧的现代诠释——自然不仅是可量化开发的对象，更是具有独立尊严的价值主体。

资本主义生产方式将自然简化为"可计量的生产资料"，这种工具价值独断论在塞罕坝早期实践中亦曾显现。1960 年代"先生产后生活"模式下日均造林 300 亩的高效，不过是工业化思维对生态系统的暴力切割。当单一落叶松纯林导致的病虫害危机迫使建设者反思时，塞罕坝开始突破西方中心主义的价值框架——2003 年实施的混交林改造工程，通过引入白桦、云杉等本土树种，重建森林群落的种间关系。这种从"造林成活率至上"到"生态系统完整性优先"的转变，本质上是对资本增殖逻辑的否定。正如马克思预见的"物质变换裂缝"，西方工业化造林模式导致土壤酸化、生物链断裂等系统性危机，而塞罕坝通过模拟原生植被演化规律，让森林恢复自我更新的内在力量，在哲学层面完成了从“利用自然”到“尊重自然主体性”的价值跃升。而塞罕坝精神谱系中内在价值的觉醒，显现为三重文化逻辑的交叠。一是生命伦理重构。将蒙古栎、金莲花等“无经济价值”的物种纳入保育范围，建立野生动植物基因库。这种保护行为无法用“使用价值”解释，而是基于“生命权利平等”的生态正义观，与庄子“天地与我并生”的哲学形成跨时空呼应。二是价值衡量的革命。2008 年首份森林 GEP 核算报告揭示，塞罕坝生态服务价值是木材产值的 23.7 倍。这套评价体系将水土保持、碳汇功能等内在价值显性化，实现了从货币量化维度对西方 GDP 霸权的突围。三是精神家园的复归。当造林人通过红外相机见证华北豹重现时，“毛腿鸶回归”成为与“木材产量翻番”同等重要的考核指标。这种情感取向映射着中国“民胞物与”的生态伦理传统——自然不仅是物质资源载体，更是精神栖居的家园。

至此，自然内在价值的觉醒不是形而上的理论辩争，而是根植于生存实践的价值范式革命。从“砍树卖钱”到“看树赚钱”，从“征服荒原”到“成为荒原的一部分”，这种转变既是中华文明“参赞天地化育”传统的现代性转化，更是马克思主义生态观的具象表达——当造林人用半个世纪育成林海，却在规划中承诺“百年内不进行商业主伐”时，他们已然超越工具理性，在与森林的共栖中实现了对生命本质的复归。当 113 种鸟类迁徙轨迹被微芯片记录，当秋日林场的松涛声成为疗愈都市人群的良药，自然的内在价值不再需要形而上的证明，而是通过共生的实践获得了生命经验的确认。

（三）和谐共生的回溯与愿景

塞罕坝精神，作为中国式现代化进程中“人与自然和谐共生”的生动实践，深刻体现了“天人合一”“道法自然”“万物并育”等中华传统生态文化的精髓，是把马克思主义基本原理同中华优秀传统文化相结合的典范。在这一精神的指引下，塞罕坝人从荒芜沙地中创造出绿色奇迹，不仅是一部生态修复技术史，更是对中华文明中人与自然和谐共处理念的现代诠释。无论是《中庸》“万物并育而不相害”的古老箴言以混交林培育、生物多样性保育的实践形态再现，还是《周易》“万物资生，乃顺承天。坤厚载物，德合无疆”的哲学命题转化为碳汇交易、生态补偿的现实制度，这些均印证了中国式现代化对“人与自然和谐共生”命题的深刻解答——既非复刻传统朴素的“天人感应”，亦非照搬西方生态意识形态，而是以本土实践为熔炉，将马克思主义生态观与传统“天人合一”思想冶铸为新型文明形态。

《周易》所载“万物资生，乃顺承天”的宇宙观，在塞罕坝具象化为林草共生、兽鸟同栖的生态共同体构建。针对单一落叶松纯林引发的“绿色荒漠”危机，林场遵循《中庸》“万物并育而不相害，道并行而不相悖”的共生智慧，精选白桦、花楸等乡土树种构建混交群落，使森林生态系统物种数从66种增至618种，雉鸡、黑琴鸡种群恢复形成完整食物链。这种从“人工造林”到“自然演替”的模式转型，正是马克思主义“人与自然物质变换”理论与“万物并育”传统的和解——通过模拟“四时代御，阴阳大化”的自然节律，让生态系统重获自我更新的内在力量，实现对“工业造林”异化逻辑的矫正。此外，荀子“列星随旋，日月递炤，四时代御，阴阳大化，风雨博施。万物各得其和以生，各得其养以成，不见其事而见其功，夫是之谓神”的生态理性，不仅是对塞罕坝人用三代接力破解造林困局过程的描摹，更实为对“天人之分”命题的现代演绎。在科学认知层面，通过观测“日月递炤”的光照规律，创制三锹半植苗法应对冻土困境；在实践操作层面，依据“风雨博施”的水文数据设计集雨整地模式，使苗木成活率从不足8%跃升至95%。这种“循自然之天道，尽人事之可为”的智慧，与马克思“自由是对必然的认识”高度契合，既摆脱了西方生态中心主义“消极顺应”的教条，又与“人定胜天”的盲目征服形成了根本分野。当林场工程师用北斗卫星系统监测土壤墒情时，数字化技术已非控制自然的工具，而是成为“赞天地之化育”的中介。

而老子“天地之间，其犹橐籥乎？虚而不屈，动而愈出”中的“橐籥”隐喻在塞罕坝生成的新的治理范式。面对森林覆盖率82%后的发展抉择，林场管理者主动划出30%的禁伐保育区，以“留白”策略涵养生态弹性空间。这恰是“道法自然”中“守静致虚”智慧的当代实践。与此同时，他们将“生态盈余”转化为发展动能，以碳汇交易收益反哺社区民生，林下经济发展蘑菇、药材等非木质产业，让“万物得一以生，侯王得一以为天下正”的哲学命题落地为共富机制。这种从“向自然索取”到“与自然共利”的转型，既是对马克思“物质循环断裂”批判的回应，也为《周易》“变化见矣”的生成性思维提供了制度注解——当乌兰布统牧民将牲畜数量缩减70%却得到碳排放权交易补偿时，“生生不息”的文化基因已渗透至产权制度设计中。今日塞罕坝的千层松涛，不仅是机械轰鸣与树种改良的结果，更是中华文明“参赞天地”智慧的具象化。从红外相机记录华北豹重返林海，到林场幼儿园将“寻找松果”设为自然教育必修课，这片绿洲正以东方特有的方式重构现代性，它拒绝将自然矮化为待开发的资源，也警惕陷入“原始主义”的保守桎梏，而是以马克思主义的实践品格激活古老生态智慧，在月涌松林的壮美风景中，映照出人与自然和谐共生的文明新图景。正如第二代造林人陈彦娴的感悟：“我们不是森林的创造者，只是学会了倾听大地的呼吸。”这种扎根于本土实践的生态哲学，或许正是破解全球环境困局的中国密码。

二、“艰苦奋斗”与塞罕坝的创业精神：文化逻辑的实践体现

精神是哲学史上一个重要的哲学概念。塞罕坝三代建设者用60余年将荒漠变林海的壮举，绝非简单的劳动数字叠加，而是马克思主义精神观在生态文明领域的具象化实践。马克思将精神定义为“现实生活的产物和历史的实践表达”，强调其生成于阶级立场、历史过程与生活世界的内在统一。塞罕坝精神之所以能超越地域成为时代符号，正在于其将“战天斗地”的朴素意志升华为“人与自然共同解放”的文明追求，在感性实践与历史辩证的张力中，完成了马克思主义精神本体论与中国传统务实品格的双向重构。马克思从人的现实生活、感性实践、历史的辩证方法、阶级立场四重视域分析精神，揭示出精神的现实性、实践性、过程性和人民性的本质规定，勾勒出实践唯物主义精神解读的世界观和方法论。每个时代都有每个时代的精神，每个时代都有每个时代的价值观念。

（一）“筚路蓝缕”精神的实践唯物主义重构

马克思在“生活决定意识”这一“符合现实生活的第二种观察方法”的分析视界中，确认精神的主体是现实的人，精神以现实人的现实生活为根基，“意识在任何时候都只能是被意识到了的存在，而人们的存在就是他们的现实

生活过程”。精神成为人的现实生活的一切社会关系经过“总和”后在人身上的抽象凝结，并从中显现出“现实生活过程”。在塞罕坝的生态实践中，“筚路蓝缕”的开拓精神被赋予了马克思主义实践哲学的深刻内涵，形成了历史唯物主义的独特叙事。马克思在《德意志意识形态》中强调，“任何人类历史的第一个前提无疑是有生命的个人的存在”，这一论断在塞罕坝的建设者身上得到了生动体现。他们将《周易》中“天行健，君子以自强不息”的精神气质，转化为“地无分昼夜，人无分老幼”的实践自觉，通过“三班倒”的育苗制度，重构了劳动时空的辩证法，突破了《齐民要术》中“春生夏长，秋收冬藏”的自然节律限制。这一过程中，毛泽东在《实践论》中提出的“自觉的能动性”得到了具象化的展现，育苗温室中人工光源对日照周期的技术性延展，使日均育苗量突破 3 万株，不仅验证了恩格斯“劳动创造了人本身”的命题，更将《管子 · 形势解》中“得天之时而为经”的智慧升华为“驾驭天时”的主体性能力，实现了对传统“靠天吃饭”生存逻辑的唯物史观超越。

在劳动组织形式上，塞罕坝的创新性转化彰显了马克思主义生产关系理论与中华文化基因的深层互动。邓小平提出的“科学技术是第一生产力”，在这里演绎为“家庭承包 + 科技攻关”的双轨制模式。这一模式既承续了《孟子》中“乡田同井，出入相友”的农耕共同体伦理，又创造性运用了马克思在《资本论》中揭示的“协作不仅提高个人生产力，并且创造了一种新的生产力”的原理。当传统“合耦而耕”的协作方式与现代组培育苗技术相结合时，育苗成活率从不足 8% 跃升至 95%，这一质变不仅印证了列宁关于“社会主义 = 苏维埃政权 + 全国电气化”的技术哲学构想，更使《礼记 · 礼运》中“货恶其弃于地也，不必藏于己”的共享理念获得了技术支撑，构建了物质生产与生态伦理的辩证统一。

塞罕坝三代造林人的接续奋斗，蕴含了马克思主义“类存在”思想的文化转译。这种将个体劳动嵌入人类文明永续发展的实践，既是对《尚书 · 大禹谟》中“正德、利用、厚生”三事传统的现代诠释，也是对马克思“人是类存在物”命题的历史确证。百万亩人工林海每年为京津地区输送 1.37 亿立方米清洁用水，不仅实现了恩格斯关于“人类与自然的和解”的预言，更使《道德经》中“天道无亲，常与善人”的生态智慧获得了唯物辩证法的科学支撑。劳动过程本身成了连接代际伦理与自然规律的实践中介。

这种理论深化的文化机理，根植于中华文明“知行合一”的实践传统与马克思主义辩证法的深度共鸣中。王夫之在《尚书引义》中提出的“行可兼知”论，与马克思“哲学家们只是用不同方式解释世界，问题在于改变世界”的宣言形成了跨越时空的思想共振。塞罕坝建设者将《诗经·豳风》中的紧迫意识转化为生态治理的技术规程，实质上是在进行“自然的人化”与“人的自然化”的双重历史运动。这一实践既扬弃了《庄子·天地篇》中对技术异化的担忧，又通过《周易·系辞》中的创造性转化，构建起人与自然的新型物质变换关系。正如毛泽东在《矛盾论》中指出的，“事物发展的根本原因在于事物内部的矛盾性”，塞罕坝从“飞鸟无栖树”到“松涛卷绿浪”的巨变，既是生态矛盾在实践中的辩证转化，也是马克思主义自然观与中国传统生态智慧融合共生的历史见证。这一过程中，塞罕坝精神不仅是中国特色社会主义生态文明建设的生动实践，也是马克思主义实践哲学在中国大地上的深刻诠释和丰富发展。

（二）“工匠精神”的文化特质与建构转向

工匠精神作为我国新时代技术伦理的精神表征，其伦理价值不仅是强调工匠在技术伦理规范方面的认知能力，而且揭示出当前“人－技术－物”之间的关系问题。工匠精神作为技术与伦理的统一体，始终蕴含着深刻的文化秩序与文明理想。其在中华文化语境下展现出“德技共融”的独特基因，在当代实践中又衍生出“共情生态”的建构转向。塞罕坝精神作为生态文明语境下的现代工匠精神范型，正体现了这一文化逻辑的深度转型，从传统“器以载道”的技术伦理向“天人共情”的生态伦理跃迁，从个体技艺的精益求精转向集体智慧的协同创造，形成了人与自然、传统与现代相融共生的新范式。

工匠精神的传统特质强调“德技兼求”，而这一伦理特质在塞罕坝实践中升华为生态责任的自觉。昔日的荒漠变绿洲，正是数代建设者将“专一坚守”的工匠品格服务于“利万物而非役万物”的生态哲学的结果。他们以科学精神探求造林规律（求真），更以“誓还青山”的使命感支撑技术实践（求善）。正如《考工记》所言，“智者创物，巧者述之守之”，塞罕坝人突破传统工匠的“器用”局限，将技术理性与生态伦理有机融合，既遵循“物性”（如寒温带高原造林规律），又彰显“仁性”（为子孙留生态福祉），在“善”与“真”的双重维度中重释了工匠精神的当代价值。

马克思着眼于从事现实生活的现实人的精神与人的存在方式，即实践的内在关系，从其哲学的首要的基本的实践观点，也即“现实的、感性的活动本身”去分析和阐释精神存在的根本性质。在他看来，“全部社会生活在本质上是实践的”，精神形成于感性实践，并构成感性实践的内在能动要素，这种能动要素在反映、反思、认知与建构“现实生活过程”中，通过感性的物质活动现实性地确认和实现主体自身实践活动的真实意义。人的精神活动与物质活动构成了现实人的有意识的感性实践活动的两条逻辑，统一于反思、建构和提升人的“现实生活过程”。塞罕坝精神彰显了工匠精神从“物性认知”向“生命共情”的转向。建设者们在零下43摄氏度的极端环境中植苗护林，以“像照顾孩子般培育树苗”的细腻情感消解了工具理性的冰冷感，暗合黄成《髹饰录》中“不以华饰掩内瑕”的匠心。这种劳动实践超越了单纯的技术操作，形成了“工程师研究宏观布局、林场工人观察微观生态、瞭望员守护森林呼吸”的多维共情网络。塞罕坝的生态奇迹恰是主体间认知共情（科技攻关的协作）、代际情感共情（三代人接续奉献）与社会间责任共情（全民生态意识觉醒）的共构产物。

塞罕坝的绿色史诗印证了工匠精神“道技合一”的现代化转型。造林者在构筑防风屏障的同时，更缔造了“松涛即为乡音”的文化生态系统。这种创造性实践突破传统手工业“师古法、守成规”的路径依赖，实现了技术创新（沙漠造林技术体系）与文化重构（生态文化认同）的同步生成。塞罕坝精神既体现了传统工匠“通艺通道”的智性品格——以塞罕坝理论破解北方生态困局；又彰显了现代技术伦理的超越性——将绿色GDP融入高质量发展，使“寸草遮丈风”的技术奇迹升华为“山水林田湖草”的生命共同体想象。王阳明“草木瓦石皆有良知”的哲学在此具象化为可操作的生态匠心。

当全球面临技术异化与生态危机时，塞罕坝精神昭示着工匠精神的元命题回归，技术发展的终极关怀不再是单向度征服自然，而是通过“天人共情”实现生命系统的伦理性完善。这既延续了“以仁驭技”的东方文化基因（荀子“万物皆得其宜”），又回应了约纳斯“责任伦理学”的现代诉求。面对百年未有之大变局，工匠精神的建构应转向更具开放性的价值坐标系——从专注器物制作的“微观匠心”扩展至关注文明存续的“宏观匠魂”，使每个技术创新都成为生态文明的伦理注脚、每个工艺突破都通向人与自然的诗意和解。塞罕坝精神正以黄沙印初心、绿海证匠魂的姿态，书写着新时代工匠精神的生态启蒙。

（三）社会主义劳动文化的生成与嬗变

马克思认为，劳动这种生命活动、这种生产生活本身对人说来不过是满足他的需要即维持肉体生存的需要的手段。而生产生活本来就是类生活。这是产生生命的生活。一个种的全部特性、种的类特性就在于生命活动的性质，而人的类特性恰恰就是自由的自觉的活动。劳动的生产实践及其文化再生产是某一种、某一类文化，一种不同于纯理论、纯粹精神的文化，一种融合解释世界和改造世界的实践唯物主义的文化。劳动教育的文化本质意味着劳动教育中的一切范畴，包括物质、生产、知识、课程、教学、价值和阶级，都具有文化含义。从唯物辩证法角度看，劳动教育的文化本质表现为劳动的“教育性”和教育的“劳动性”的辩证统一，前者通过劳动中“自然－人－社会”的物质、能量和信息的交换，展示作为主体的人在劳动中创造精神、价值和文化的教育意义；后者通过教育在“自然－人－社会”的文化实践活动，反映和创造具有自然性、社会性和历史性的劳动文化。二者在现实的、社会的和历史的社会实践中相互作用，进行知识文化启蒙，解放劳动和劳动大众。

社会主义劳动文化在实践演进中实现了双重超越，它既突破将劳动视为谋生手段的工具理性想象，也超越传统劳动分工中体力与脑力的二元对立。这种文化的生成蕴含着唯物史观的深刻逻辑，即劳动者主体地位的确立激发精神觉醒，劳动组织形态的创新重构集体价值，物质生产实践催生生态文明意识，形成人与自然、社会互动共生的文化生态。塞罕坝机械林场的建设历程，正是这种文化动态嬗变的时代典范。马克思在《1844 年经济学哲学手稿》中预言共产主义是私有财产即人的自我异化的积极的扬弃。塞罕坝建设者用实践印证了这一哲学判断。三代造林人将荒原变林海的壮举，突破了资本逻辑下劳动异化的桎梏，在平均海拔 1500 米的高原上构建起“劳动 – 生态 – 文明”的辩证关系。他们既遵循“适地适树”的科学规律开展技术攻关，又传承马蹄坑大会战的革命激情，使机械化育苗与三锹半栽植法辩证统一。这种劳动实践超越了简单的物质生产，升华为生态文明意识的具象化表达，彰显了列宁所述的“劳动是创造性活动”的深刻内涵。

进入现代社会，尤其是信息化、数字化时代的数字劳动阶段，劳动与文化的互生和互动是人、自然与社会相互作用的文化形成和发展过程，处于一个相互融合的全息系统中，在时间和逻辑上无先后之别。这种肉体劳动与精神价值的高度统一，恰恰与虚拟劳动的符号异化形成鲜明对照，彰显社会主义劳动文化对“物质 – 精神”整体性关系的超越性建构能力。新时代塞罕坝物联网监测系统与人工巡护的结合，标志着数字劳动时代体力与脑力的深度融合；碳汇交易的探索实践，将劳动价值拓展到生态产品维度；林场转型生态旅游，实现物质生产向文化生产的创造性转化。这种螺旋式发展印证了劳动文化的自我革新能力——既坚守“艰苦创业”的劳动伦理根基，又融入生态文明新内涵，构建起习近平强调的“绿水青山就是金山银山”的现代发展哲学。至此，社会主义劳动文明的演进，本质上是劳动者的主体性不断彰显的历史进程。从防风固沙的物质生产，到生态价值的创造性转化，再到绿色发展范式的全球输出，劳动始终是文化创新的动力源泉。这种文化嬗变既是对列宁社会主义劳动思想的继承发展，也是马克思主义劳动观中国化时代化的生动诠释，为构建人类命运共同体贡献了凸显东方劳动文明的智慧方案。

三、“集体主义”与塞罕坝的团结协作：文化逻辑的社会价值

马克思、恩格斯认为，个人只有在集体中才能获得全面发展其才能的手段，才可能拥有个人自由。塞罕坝精神，作为新中国成立以来集体主义精神的生动实践，不仅是对马克思、恩格斯集体主义思想的传承与发展，更是在文化逻辑下对“集体主义”内涵的深刻诠释与丰富。在马克思、恩格斯看来，集体主义并非抽象的道德说教，而是根植于现实社会生产关系中的道德原则。他们指出，在私有制条件下，个人利益与共同利益存在着不可调和的矛盾，

这种矛盾导致了“虚幻的集体”的产生，即那种为少数人谋利、剥削大多数人利益的集合体。而真正的集体，则是自由人的联合体，是个人利益与共同利益和谐统一的共同体。在这个共同体中，个人只有在集体的保障下，才能获得全面发展其才能的手段，实现真正的自由。

（一）“集体主义”与“集体力”：作为“塞罕坝精神”文化逻辑的肇始点

集体主义作为社会主义道德建设的核心原则，其深厚的理论根基和实践价值在马克思、恩格斯的思想中得到了充分的体现。马克思、恩格斯对集体主义的阐释建立在他们对道德本质的唯物主义理解的基础之上。恩格斯指出，人们自觉地或不自觉地，归根到底总是从他们阶级地位所依据的实际关系中——从他们进行生产和交换的经济关系中，获得自己的伦理观念。在此基础上马克思深刻洞察到，分工劳动不仅形成了“集体主义”，还形成了特有的“集体力”。从马克思的论述来看，集体力不只源自简单协作，还来自分工。集体力以社会合作为前提，个体所拥有的社会性构成集体力的载体，后者随着个人越来越融入社会关系而呈现持续演变状态。“社会性质是整个运动的普遍性质；正像社会本身生产作为人的人一样，社会也是由人生产的。活动和享受，无论就其内容或就其存在方式来说，都是社会的活动和社会的享受。”作为“社会劳动生产力”存在，而且这种“集体力”通过分工激发的理性成果共享，成为人类从“世界史”迈向“经济全球化”的基本动力。塞罕坝人面对恶劣的自然环境，没有退缩，而是凭借这种集体力量的汇聚，以集体的智慧与汗水，齐心协力，共同奋斗，将荒漠一步步变成了绿洲。在这一过程中，塞罕坝人不仅实践了集体主义道德原则，更深刻挖掘与丰富了集体主义文化内涵。他们不计个人得失，将个人的理想与追求无私地融入集体的宏伟目标之中，通过集体的共同努力，不仅实现了个人与集体的共同发展，更在荒漠之上书写了一部人与自然和谐共生的壮丽史诗。塞罕坝精神中蕴含的团结协作、无私奉献、艰苦奋斗等品质，正是集体主义文化在特定历史条件下的生动展现。这些品质不仅塑造了塞罕坝人的精神世界，赋予了他们坚定的信念和昂扬的斗志，也深刻影响了他们的行为方式，使他们在面对极端恶劣的自然条件和重重困难时，能够保持团结一致，共同为集体的目标而努力奋斗。更为重要的是，塞罕坝精神在新时代背景下，与全球视野下的“人类命运共同体”理念不谋而合。这一理念拓展了国际分工关系的范围，使得分工成果的共享得以在更广范围内、更大程度上实现，客观上构成了共享“集体力”的世界版。塞罕坝人通过自身的努力，不仅在国内创造了生态奇迹，也为全球生态文明建设提供了宝贵经验，展现了社会主义市场经济在信息时代的创新选择。他们以实际行动证明了，在追求集体利益的同时，也能通过集体的力量实现更大的社会价值，为构建人类命运共同体贡献了中国智慧和力量。

（二）“家国同构”与“家国天下”：作为“塞罕坝精神”文化逻辑的价值点

从“天下之本在国，国之本在家，家之本在身”“人生自古谁无死，留取丹心照汗青”到“埋骨何须桑梓地，人生无处不青山”，一种精神文化的产生与发展离不开特定的历史条件。历史上，“家国同构”演变呈现出从“家”到“国”的纵式发展图景，其在构建中华民族共同体的进程中发挥着积极贡献。在这一观念影响下，“家国同构”衍变出家庭、民族、国家、天下的层级递进与展开方式，形成了知行合一、对共同体意识的强化性和文化认同性等显著特征。而塞罕坝精神正是这一路径的生动实践，它不仅体现了“家国同构”的文化基底，更展现了“家国同构”在现代社会中的现实功用。通过塞罕坝精神，我们深刻理解了“家国同构”理念在中华民族共同体建设中的重要意义，也看到了中华优秀传统文化在新时代背景下的创造性转化与创新性发展。

塞罕坝精神，作为新时代中华民族精神的本源性动力，正是当地群众自觉地将这种情感上的依附和认同转化为爱家爱国的生动实践，这种认知与行为的趋同性高度体现了“家国同构”的知行合一特征。从家庭层面来看，塞罕坝的建设者们以家庭为单位，秉承孝悌忠信的传统美德，将个人的理想与追求融入家庭的责任与担当之中。他们深知，家庭的和谐与稳定是社会稳定的基础，也是“家国同构”理念的微观体现。这种以家庭为单位的集体行动，不仅体现了家庭作为社会细胞的活力，更彰显了“家国同构”中家庭作为“细胞”的基础性作用。在塞罕坝的建设中，无数家庭默默奉献、辛勤付出，不仅为家庭的幸福安康奠定了基础，更为塞罕坝的绿化事业贡献了力量。“家庭－国家”互嵌式发展格局的演化无法脱离民族这个“中介”角色。从民族层面来看，塞罕坝的建设不仅是一个地区的发展，更是中华民族共同体意识的一次深刻实践。各民族建设者们在共同的目标下团结一心、携手并进，展现了中华民族团结互助、和衷共济的伟大精神。这种精神正是“家国同构”理念在民族层面的体现，强调不同民族之间的和谐共处与共同发展。在塞罕坝的建设过程中，各民族建设者通过相互学习、相互帮助，不仅增进了彼此之间的了解和信任，更促进了民族文化的交流与融合，为中华民族多元一体格局的构建作出重要贡献。

国家是家国文化发展的产物，是家国同构的核心。从国家层面来看，塞罕坝的建设是国家生态文明建设的重要组成部分，体现了国家对环境保护和可持续发展的高度重视。国家通过制定相关政策和提供资金支持，为塞罕坝的建设提供了有力保障。这种自上而下的支持，正是“家国同构”理念在国家层面的体现，它强调国家作为政治共同体的责任与担当。同时，塞罕坝的建设者们也将个人的理想与追求融入国家的宏伟蓝图之中，以实际行动践行爱国主义的崇高精神，为国家的繁荣富强和人民的幸福生活奠定了坚实基础。天下是家国同构的延伸，中华民族家国情怀的终极目标是实现“天下为公”的社会理想。从天下层面来看，塞罕坝的建设不仅是中国生态文明建设的典范，更是全球生态文明建设的重要组成部分。塞罕坝的建设者们以天下为己任，将个人的理想与追求融入全球生态文明建设的伟大事业之中。这种胸怀天下的情怀和担当精神，正是“家国同构”理念在天下层面的延伸与拓展。他们通过积极参与国际交流与合作，分享塞罕坝的建设经验和技术成果，为全球生态文明建设注入新活力。

（三）“社会本质”与“人的共同体本质”：作为“塞罕坝精神”文化逻辑的旨归点

马克思认为，人的本质不是单个人所固有的抽象物，在其现实性上，它是一切社会关系的总和。简单地说，即人的本质是一切社会关系的总和。这一深刻论断不仅揭示了人的本质与社会联系的内在联系，也为理解塞罕坝精神作为一种内在的、无声的、把许多个人自然地联系起来的普遍性提供支撑。马克思把物质生产劳动作为人类及其历史产生、存在和发展的基础，恩格斯则具体地论述了人类和人类社会通过物质生产劳动而产生的过程。由于生产劳动是人类产生、存在和发展的基础，塞罕坝精神正是这一基础在现实生活中的生动展现，它深刻揭示了人类通过共同奋斗改变自然、创造美好生活的可能性。

从社会本质的角度来看，塞罕坝的建设是国家生态文明建设的重要组成部分，体现了国家对环境保护和可持续发展的高度重视。国家通过制定相关政策和提供资金支持，为塞罕坝的建设提供了有力保障。这种自上而下的支持，正是社会本质在现实生活中的具体展现。而"这个领域内的自由只能是：社会化的人，联合起来的生产者，将合理地调节他们和自然之间的物质交换，把它置于他们的共同控制之下，而不让它作为盲目的力量来统治自己；靠消耗最小的力量，在最无愧于和最适于他们的人学本性条件下来进行这种物质变换"，塞罕坝的建设者们正是将个人的理想与追求融入国家的宏伟蓝图之中，以实际行动践行促进社会整体的和谐与进步，这是人的本质得以实现的重要途径。

马克思在人与社会（共同体）之关系架构中讨论人占有自身的本质及实现自由的命题，并据此审视人在共同体中的生存状态。马克思强调，人的本质是人的真正的共同体。"共同体"并非存在于人之外而强加给人且与人无关的独立存在物，人的解放或实现自由，就是将其从既存的物质关系中解放出来，促成利己个人与共同体实现矛盾和解。这也表明，现实的、活生生的、特殊的个人的历史演化关涉社会生产关系的演进。从这个角度来看，人拥有个人与共同体两个面向，既是个人的，又是共同体的，是个性与共性的统一。故而，个体与共同体之间裂痕的扩展亦撕裂人的统一，挑战共同体之团结。塞罕坝精神所展现的共同体，是一种超越了个人主义的狭隘，基于共同理想、共同奋斗的真实共同体。在这个共同体中，每个人的自由发展都是一切人自由发展的条件，个人与共同体之间实现了真正的和谐统一。这种意识是对马克思理论的深刻实践。

第三节　历史逻辑：源自党领导生态文明建设的不懈探索

列宁指出，在分析任何一个社会问题时，马克思主义理论的绝对要求，就是要把问题提到一定的历史范围之内。对社会主义革命和建设时期生态环境问题的认识不能脱离具体历史背景，切忌以今非古，更要警惕西方学术话语中关于此问题暗含的意识形态“陷阱”。要正确探讨塞罕坝精神的历史生成问题，必须回顾历史，把问题置于当时的历史环境中去考察，对其进行历史、全面、辩证的分析。历史生成论则是基于唯物辩证思维所理解的唯物史观的历史观，是对历史就是人类追求自己目的的活动过程的马克思唯物辩证思维的理解。历史生成论的逻辑前提是实践生成本体论。其生成根据在于，唯物史观认为，不存在永恒不变的共同的普遍的本质，一切事物都处在实践的、历史的、辩证的生成过程之中，并在实践、历史、现实展开的运动发展过程中生成自身。按照这一理解，中国共产党领导生态文明建设的实践征程，不仅是一部人与自然和谐共生的壮丽史诗，更是历史生成论在生态领域的生动体现。从“绿化祖国”的朴素觉醒到“美丽中国”的宏伟擘画，党的生态文明思想始终与时代脉搏同频共振，为塞罕坝精神的生成提供了深厚的实践土壤与理论滋养。从历史生成论的视角观之，作为中国生态治理典范的塞罕坝精神并非预先设定的固定范式，而是在党的理论与实践互动中逐渐生成的动态体系。其本质是客观历史情境与主体创造性能动性的辩证统一，每个历史阶段的飞跃都建立在前期积累的扬弃转化之上，展现出螺旋式上升的历史辩证法特征。

纵观自社会主义革命与建设时期、改革开放新时期至新时代以来的 70 余载发展历程，塞罕坝精神的演化轨迹完整演绎了历史生成论的核心命题，生态文明建设的实践智慧既遵循生产力发展的客观规律，又彰显中国共产党引领时代的理论创新能力；既继承改造自然的艰苦创业传统，又创造生态文明新时代的价值范式。这个动态生成过程深度契合马克思主义关于“历史不过是追求着自己目的的人的活动”的哲学论断，生动诠释了党的生态文明思想从经验积累到理论自觉、从环境治理到文明转型的历史辩证法。在全面建设社会主义现代化国家的新征程上，这种历史生成的嵌入、展示、内化和融合实践将持续释放生命力，为全球生态治理贡献更多中国智慧。

一、回顾历史：对社会主义革命与建设时期的鉴察（1949—1978）

新中国成立之后，我们开始探索社会主义革命和建设。以毛泽东同志为主要代表的中国共产党人以高度的政治自觉将改善生态环境纳入我国社会主义建设任务当中，在兴修水利、建设基本农田、改良土壤、植树造林、建设草原、防治污染和设置自然保护区等方面做了大量工作，实现了对我国生态环境保护事业的创造性奠基。

（一）"向自然开战"的号召：历史生成逻辑的起点

新中国成立后，面临着摆脱一穷二白的境地、实现从农业国向工业国转型的现代化任务。当时完成这一任务的不利条件很多，国际上，中国周边安全形势紧张，先后经历抗美援朝、抗美援越等战争，面临以美国为首的西方资本主义阵营的封锁遏制，中苏关系也由短暂"蜜月期"到紧张恶化直至中苏同盟破裂；从国内来说，经过长年战争，生产力水平和科技水平严重落后，频发的自然灾害对现代化建设也造成严重负面影响。有利条件方面，除了新中国确立的根本政治前提和制度基础外，主要是"地大物博，人口众多，历史悠久"，1949 年毛泽东在中国人民政治协商会议第一届全体会议的开幕词中指出，全国规模的经济建设工作业已摆在我们面前。我们的极好条件是有四万万七千五百万的人口和九百六十万平方公里的国土。进入 20 世纪 50 年代后半期，为"赶英超美"，尽快改善人民生活，毛泽东号召"进行一场新的战争——向自然界开战"，这成为特定历史时期的选择。

这个饱含着实践理性的论述并未停留在政策文件的表层，而是通过历史唯物主义的内在逻辑展开深刻的精神释义。这个极具张力的命题既凝结着农耕文明数千年与自然角力的集体记忆，更折射出马克思主义自然观在中国革命土壤中的创造性转化。在自然观的发展谱系中，中国传统"天人合一"的理念悄然质变为主体性哲学的革命形态，维特根斯坦曾说“世界的界限就是语言的界限”，而新中国缔造者的话语体系中，“战”这个充满动态和对抗性的能指符号，恰恰在特定历史时空中形成了改造自然的精神原点，引导出人类主体性在自然客体制约下的突围意志，从而为塞罕坝精神搭建起首块逻辑基石。

从历史唯物主义的生产力理论审度，“向自然开战”的指引绝非机械的征服宣言，而是对马克思“人化自然”哲学命题的实践展开。在定都北平后席卷华北的沙尘阴影中，在江南北调的治淮工地上，在新中国工业化与自然环境的初次遭遇处，毛泽东将自然从纯粹的客体存在转换为实践中介的历史场域。面对黄泛区的疮痍、戈壁滩的荒莽，这种动员性话语蕴含着双重历史维度，既是革命战争时期“人定胜天”经验的自然延伸，又是对农业社会向工业文明跃迁的物质召唤。正如萨特所言：情境中的自由选择决定存在本质。“向自然开战”的语境生成，本质上是数亿村民由传统农耕者向现代建设者身份转型的宣言，是农业中国在危机倒逼下启动自然关系重构的集体决断。

历史的沉淀让这个主张显露出更丰满的哲学意涵。每年坚守在零下40摄氏度沙丘的育林人，他们的顽强不是普泛化的勇气符号，而是在响应自然挑战时用生命构筑的精神前线。每棵樟子松从幼苗到参天的50年生长周期，既是对人类实践意志的考验，更是自然育人、人化自然的双向塑造过程。这种延续半个世纪的生态涅槃，最终成就了精神史的深层建构——在无数次林场被沙暴摧毁的挫败与重生中，在人与自然的反复辩证较量里，“向自然开战”的初始动员逐渐演化为以尊重规律为前提的生态文明自觉，这或许才是历史生成逻辑最深刻的启示。革命性号召的生命力不在其锋芒毕露的表层语义，而在其开启的实践长河中，自然规律与人类目的通过具体活动显现的共生智慧。这样贯穿时空的精神生成轨迹，既印证了历史唯物主义关于“环境改变与自我改变相统一”的深邃判断，也为理解当代中国生态文明建设提供了基因密码。

（二）全民植树造林：实践生成本体的展现

马克思告诉我们，一个存在物如果在自身之外没有对象，就不是对象性的存在物。我们活动着、生活着，我们是不断进行对象性活动的对象性的存在物。显然，人类是通过自己的实践活动确证了本体论的合理性。正如卢卡奇说的：“本体论的地位，是通过人类存在的存在特性自身所具体确定的。”因此，当20世纪50年代全民造林运动席卷神州时，这场裹挟着铁锹与汗水的生态实践早已超出简单劳动聚合的范畴，其精神内核深植于马克思“劳动是人的类本质”命题的历史性展开。在贺兰山麓的防护林工程与塞罕坝沙丘的造林现场，数千万双手同时挥动的不只是改良自然的工具，更是重构主客体关系的实践本体。存在主义哲学家萨特说“存在先于本质”，而劳动大众在面对荒漠化威胁时的集体行动，恰恰印证着“劳动创造存在”的唯物辩证法则。当第一棵樟子松顽强扎根流沙时，它不仅宣告着物质空间的改变，更昭示着新型人与自然关系的生成模态。这种劳动场域中的在场性实践，使得马克思主义实践观从认识论层面向本体论深度跃进——在连续18年造林成活率仅为8%的困境中，塞罕坝人每栽种一棵树的重复动作都在确证着“实践生成存在”的哲学真谛。

从实践哲学的维度透视，这场历时20载的绿色革命本质上是对双重异化的突围。当康德的“人为自然立法”遭遇科尔施“改变世界优先于解释世界”的现实叩问，造林运动的劳动场景展现出本体论意义上的突围路径，黄沙瀚海中衣衫褴褛的造林队员，他们的镐头既在物理空间破开生态贫困的物质枷锁，也在精神层面击碎宿命论的文化桎梏。每一株在零下43摄氏度冻土中存活的华北落叶松，都是对“地理环境决定论”的实践否定。正如布迪厄场域理论揭示的惯习生成机制，造林人单调重复的培土动作逐渐重塑着认知范式——劳动过程本身已成为存在方式的哲学转化器，量的积累最终质变为生态文明意识的觉醒。这种实践过程中主体性的自我确证，完美诠释了历史唯物主义关于“改变世界与自我改变统一”的深层智慧。

而这种劳动的时空延展性更赋予实践本体独特的生成维度。深植于塞罕坝人集体记忆中的“马蹄坑战役”，突破了传统实践观中即时性消费的局限——1964年春300余人78天栽植516亩落叶松的行动，表面看是空间维度的植被覆盖度提升，本质上却是通过延展性劳动缔造新型时间性存在。海德格尔曾在《存在与时间》中论证此在的时间性，而造林人对30年成材周期树木的持续养护，正是将存在意义锚定在未来向度的存在论宣言。当第三代造林人仍守护着首代创业者手植的松林时，这种跨越半个多世纪的实践连续性不仅创造出物质层面的百万亩林海，更在时间维度编织出新的历史叙事脉络——那些看似永恒的风沙线在代际守望中消解，印证着实践本体如何在绵延中重构人与自然的时空秩序。

塞罕坝林场蜕变中最具革命性的启示，在于劳动实践中主体与客体的双重生成。劳动过程“不仅改造无机自然，也改造着主体的自然”的论断在塞北高原得到史诗般演绎。当林场工人从初时机械执行造林指令的技术员，蜕变为掌握28种育苗技术的生态工匠时，主体认知结构在劳动中不断打破原有边界；当沙丘在反复退耕还林中渐次吐绿，自然世界的客体属性也从“生存威胁者”转换为“生命共同体成员”。这种动态共生关系的确立，打破了费尔巴哈式静态自然观的桎梏，在每日栽植的10万棵苗木间，实践本体论呈现出主客体相互建构的复调特征。恰如卢卡奇在《历史与阶级意识》中所言，实践是主客体同一的辩证法——塞罕坝林海视觉奇观之下，深层律动着劳动者自我进化的文明节拍，在这主客体交互生成的史诗中，精神与物质完成了历史性融贯，为塞罕坝精神谱写出最浑厚的现实注脚。

（三）“战天斗地”精神的铸就：历史生成意识的物化

毛泽东指出，空气、森林、矿产等自然资源社会主义国家都要加以小心保护，进行合理使用，既要注意对资源的节约和保护，又要积极发展利用新能源，在快速发展生产、改变国家落后面貌的同时也要依靠科学技术，对自然资源进行合理开发和使用。塞罕坝人在荒漠种植下的第一代林海，正是这种历史生成意识的物化形态——以“人定胜天”的信念突破自然条件限制，通过劳动实践打破生态贫困与生产落后的恶性循环，为后续发展奠定了物质基底与精神基因。

马克思在《1857—1858年经济学手稿》中有一段话，对“三形态”说作出了最直截了当的表达：“人的依赖关系（起初完全是自然发生的），是最初的社会形式，在这种形式下，人的生产能力只是在狭小的范围内和孤立的地点上发展着。以物的依赖性为基础的人的独立性，是第二大形式，在这种形式下，才形成普遍的社会物质变换、全面的关系、多方面的需要以及全面的能力的体系。建立在个人全面发展和他们共同的、社会的生产能力成为从属于他们的社会财富这一基础上的自由个性，是第三个阶段。第二个阶段为第三个阶段创造条件。”这段话把人类历史的过去、现在和将来，表达在以下三个范畴中：人的依赖关系、以物的依赖性为基础的人的独立性和个人全面发展和自由个性。很明显，这位哲人未曾料到其理论框架会在两个世纪后的中国北方荒漠获得实践美学的全新建构。

塞罕坝造林工程中迸发的“战天斗地”精神，既非传统社会“人的依赖性”阶段的蒙昧抗争，亦非资本主义“物的依赖性”导致的异化劳动，而是在社会主义实践场域中对卢卡奇“物化总体性”理论的革命性突围。于风沙中铸就的精神丰碑，实质上是历史意识在物质空间中的能动投射——当造林队员用皲裂的手掌在冻土上刨出树坑时，他们的劳动早已超越单纯改造自然的工具理性层面，演变为自觉统合主客体关系的存在论实践。这种实践过程中生成的集体意识，既承载着对“自然依赖关系”的历史性断裂诉求，又预示着向“自由个性”阶段跃迁的精神储备，在劳动对象化的物化进程中编织着新型文明的价值网络。而卢卡奇在《历史与阶级意识》中深刻剖析的物化现象，在塞罕坝语境中获得辩证转化。资本主义生产中将人际关系转化为物与物关系的异化逻辑，在此被重塑为将精神意志转化为物质存在的建设性物化。当林场工人在年均气温零下 1.4 摄氏度的极境中创造出 112 万亩人工林海时，他们用铁锹书写了生态改造的现实篇章。每一株挺立沙丘的樟子松都是劳动者情感与意志的物态凝结，印证着马克思“人再生产整个自然界”的论断。这种物化实践蕴含着双重解放，用物质的绿洲打破自然对人的生存胁迫，同时通过劳动形成的主客体统一涤荡着私有制下异化劳动的阴霾。

对卢卡奇和马克思来说，物化正是指社会关系之历史性的消失，而这是依托社会关系作为“物质生产关系”、作为具有“物”的不可改变性的“技术要求”出现而发生的。卢卡奇用马克思“幽灵般的对象性”的表述来表示资本主义对社会历史现实的神秘化，即作为一种“物”的商品关系的幽灵般的对象性的构成。卢卡奇将他关于现代“典型的”对象性形式——商品形式——的概念与马克思对商品拜物教的分析综合起来，以解释这样一个事实，虽然是在社会中被决定的，但价值形式转化为了一个准自然事实，即他所说的“自然形式”。只要它被视为“自然的”，更进一步的资本主义的神秘化就会随之而来，劳动、资本和土地从它们的社会关系背景中分离出来，并表现为价值的“自然”来源。

而这种集体精神谱系的生成过程，本质上是历史主体意识“物化”的自我觉醒运动。当世代受困于“自然依赖”的塞北农民持锹上山时，他们打破的不仅是生态贫困的物质锁链，更是宿命论的历史观桎梏。三代造林人用60余年完成的百万亩林海，在现象学层面构建起超越资本主义线性时间观的历史性场域。在种植、管护、再生的循环节奏里，劳动者的时间意识从即时性收益焦虑转向代际传承的绵延视野。正如海德格尔强调的“此在的时间性”，造林者将个体生命嵌入林木生长周期的主体自觉，在对抗熵增的征程中重构出生存意义的时空坐标系。这种赓续半个多世纪的生态实践，使得阶级意识突破生产领域的局限，升华为文明形态革新的精神基质。

而“战天斗地”精神谱系中潜藏的历史辩证法，正是对三形态理论的生动阐释。当第一代造林人用三锹造林法挑战自然极限时，他们实质上启动了对社会形态的创造性建构——既消除着前现代社会对自然力的绝对臣服，又规避着资本主义对自然资源的掠夺性开发。这双重超越在物质积累阶段展现出惊人的历史智慧，防护林带年蓄水量达2.74亿立方米的生态效益，不是简单用经济数字可以衡量的物化成果，而是通向“自由个性”阶段的历史性准备。马尔库塞批判的单向度社会模型在此遭逢实践的否定，造林运动中形成的生态共同体意识，将原本离散的个体存在编织成经纬交织的精神网络，使韦伯笔下的工具理性牢笼被生态理性穿透。这种精神物化的更深层启示，在于它彰显出社会主义实践的独特历史位相，量的累积中暗涌着文明质的跃迁，印证着马克思关于历史进步是合规律性与合目的性相统一的哲学判断。

二、发展求索：自改革开放转型时期以来的照察（1978—2017）

党的十一届三中全会揭开了改革开放和社会主义现代化建设的历史序幕。邓小平提出“中国式的现代化，必须从中国的特点出发”的战略要求。中国的环境保护战略，作为一项基本国策，以“三同步”（经济建设、城乡建设和环境建设同步规划、同步实施、同步发展）和“三统一”（实现经济效益、社会效益、环境效益协同统一发展）为重大战略性理念和实践，从而为中国式现代化道路注入生态环境新要素和绿色发展新底色。

（一）从“人定胜天”到“和谐共生”：生态观念的哲学演进

人与自然的关系问题始终贯穿于人类文明发展始终，是人类实践中最基本、最原初的问题。“日益腐败的自然”与“人的世界的贬值”相伴而生，人与自然沦为资本的附庸，受物之异己世界的支配和统治，一切感觉都被“有用性”的占有欲望和利己享受替代。怎样纠正资本主义境遇中人与自然关系的错置，使“和谐共生”的构想从应然走向实然呢？马克思以自然主义和人道主义的统一作为社会发展的愿景，通过社会共同体的重塑实现人与自然的解放与共荣，强调共产主义是“人和自然界之间、人和人之间的矛盾的真正解决”。可见，共产主义运动需要在自然、社会、人类三重视域中加以界定，以自然解放为基础前提，以社会解放为必要中介，以人类解放为终极旨向。此外，还应以人与自然、人与社会、人与自身矛盾关系的消解为根本出路，以人类社会与自然界的共生共荣为价值遵循。

马克思在《资本论》中拆解资本主义生产方式时，洞见了其内在的生态悖论：“普遍有用性体系”的物质转换链断裂，导致了人地关系的根本性异化。这种深刻的批判在新中国建设历程中遭遇了极具启示性的辩证转化，塞罕坝林场三代建设者用半个多世纪书写的生态文明史，本质上是对马克思“人与自然对象性关系”理论的历史性诠释。在“沙地变林海”的物质奇观深处，可以听见两种生态观对话的哲学回声——第一代造林人秉承的“人定胜天”理念，是突破农耕文明自然依附性桎梏的革命呐喊；而当复层异龄林的生态效益在 21 世纪显现时，森林涵养水源、调节微气候的自组织功能则宣告着将人类实践重新锚定于自然系统平衡的共生智慧。这种认知转变并非简单的理念更迭，而是一部用草木年轮镌刻的辩证法书籍，记载着主体性原则与自然先在性的历史和解。

在实践的淬炼场中，马克思揭示的“物质变换断裂”命题获得了中国式解答的契机。当第一代塞罕坝人背着改造沙漠的信念出征时，他们承载着双重历史使命，既要冲破地理环境宿命论的阴霾，又须避免重蹈资本主义掠夺式开发的覆辙。在三道河子攻坚战中反复改进补植落叶松的技术，恰是这种辩证思维的物化投射——1977年成功突破育苗技术瓶颈的集体攻关，既是人类主体性对自然极限的冲击，更是对山地微气候、土壤墒情的认知深化过程。这种从强干预到柔调节的实践转型，反向塑造了生态认知的范式革命，使得“战天斗地”的豪情逐渐熔铸成“顺天应地”的智慧。

（二）从“单一实践”到“系统治理”：生态实践的历史演进

系统观念是马克思主义认识论和方法论的重要范畴，在理论研究和实际工作中都是非常重要的思想和工作方法。系统观念是一个体系，其基本观点具有整体性、全面性、开放性、过程性、有序性、组织性、演化性、复杂性等，用这些观点认识事物就是系统思维，反映在方法论上就是系统方法。当代系统哲学始于一般系统论的创立，而一般系统论的创立又与生物学的有机体研究密切相关。20世纪初期生物学研究中流行的是物理主义和机械论，孤立的分析方法和还原论盛行，忽视或否定生命现象中本质的东西。贝塔朗菲为改变这种倾向，强调在生物学中提倡有机组织的概念，并先后提出了有机系统论和一般系统理论。他认为，这引发了世界观领域中“可以叫作有机体的革命”，而这场革命的“核心是系统概念”。贝塔朗菲这一对系统理论产生背景的说明，为研究马克思、恩格斯的系统思想提供了一条重要线索。其实，马克思、恩格斯在他们的整个理论生涯中不仅广泛使用了系统、有机体、有机系统、有机整体、社会有机体等概念，而且把这些系统思想的特有范畴与新世界观的确立紧密结合在一起，创立了一种体现唯物辩证法和唯物史观根本精神的新形态的系统思想。

马克思批判资本主义导致“物质变换断裂”的生态悖论，塞罕坝的改造者们在荒漠中以实践智慧重塑着系统的辩证法则。这片昔日的高岭严寒地向百万亩林海的蜕变史，本质上是生态文明实践从单体要素改造到整体系统重组的具象化进程，第一代造林者面对成活率不足8%的困局时，尚未意识到黄褐斑病与单一树种的宿命关联，这种早期困境恰恰暴露了机械论思维的局限。直到 1983 年全国林业区划会议引发的树种革命，落叶松与白桦混交栽培的试验成功，才标志着实践哲学从“物的改造”向“关系重构”的范式跃迁。在此过程中，错落排布的乔木成为系统论的活体注脚，林窗中的灌木与草本不再被视为冗余，而成为物质能量循环不可或缺的节点，这暗合了贝塔朗菲系统论中“整体大于部分之和”的思想精髓，更彰显出生态实践从分立行动到共生网络建构的历史辩证法。

这种系统思维的觉醒，本质上是对马克思、恩格斯系统概念的历史性呼应。马克思、恩格斯把系统作为一个反映事物整体性的存在方式，作为一个普遍适用性的哲学范畴，而广泛应用于对自然界、人类社会和思维现象的研究之中。当塞罕坝人于千禧年启动“近自然林业”试验时，他们触摸到了生态经济学的前沿地带，森林碳汇功能的市场化计量、林下食用菌与中药材的立体开发、生态旅游带来的文化附加值生成，共同编织出自然资本、人力资本与社会资本交织的新型生产关系。这种复合生产结构的形成，是对《资本论》中劳动三重化理论的生态学重构——嫁接在华北落叶松上的蓝靛果忍冬不仅固碳释氧，其果实深加工形成的产业链条更将“绿水青山”转化为“金山银山”。这里展现的历史生成力，不在于征服自然过程的悲壮叙事，而在于将林木生长周期、市场需求波动、社区参与机制整合为自组织系统的智慧，最终形成生态涵养、经济增益与社会和谐的正向循环。

（三）从“地方经验”到“国家战略”：生态文明的历史生成

历史的发展为简单范畴奠定现实基础，使其出现与运用成为可能。相对于简单范畴，“最一般的抽象总只是产生在最丰富的具体发展的场合”。最简单或最抽象、最一般的范畴是历史高度发展的结果，只有社会历史的前行通达高度发展的境界，才可能实际地生成出来并运用开来。不难看出，简单范畴是历史发展的结果，构成马克思更为注重的向度。塞罕坝绿色转型恰是对马克思这一命题的战略修复。当三代造林人用 18.3 万公里造林沟串联起 112 万亩森林时，这个庞大生态系统不仅重构了地方性的养分循环链，更在建立全国首个省级生态产品总值核算体系的过程中，将区域经验具现为全民共享的生态资本。这种战略转化的历史纵深，表征着恩格斯“历史合力论”在生态维度的展开——千沟万壑的育苗记忆与退耕还林政策的耦合，枯枝落叶层的腐殖质积累与碳汇交易机制的共振，共同编织出生态文明建设的制度网络。

战略思想史专家钮先钟认为，战略研究有四种境界：历史境界、科学境界、艺术境界和哲学境界。塞罕坝经验的核心价值不在于创造单点奇迹，而在于从历史境界出发，示范了自然再生产与社会再生产的国家战略协同模式，为破解全球生态悲剧提供了东方方案。战略哲学思想自古有之，古人强调远见卓识、站高谋远，推崇“运筹帷幄之中，决胜千里之外”，体现的就是战略哲学思维。中华民族的整体性思维和辩证性思维方式，表现出一种统摄全局、兼容并蓄的智慧性战略思维。中华民族大一统的战略追求、和合共生的战略胸怀、富国强兵的战略根基、居安思危的战略忧患等，都体现着传统战略文化的内核，闪耀着战略哲学的光芒。如《孙子兵法》包含着朴素而睿智的哲学思想。“知彼知己，百战不殆”讲的是唯物论；“兵无常势，水无常形”讲的是辩证法；强调“善用兵者，修道而保法”“令民与上同意也”，更把战争筹划上升到政治哲学高度来认识。清末陈澹然提出“自古不谋万世者，不足谋一时；不谋全局者，不足谋一域”的经典名言，把中华民族对战略长远谋划、全局谋划的战略哲学认知提高到一个新层次。从“地方经验”到“国家战略”乃至“全球方案”，这种战略生成绝非简单的经验推广，而是遵循着黑格尔“具体普遍性”辩证法的历史运动。“为什么在纯科学中要从纯有开始，其根据早已直接在科学本身表示出来了。这个纯有就是纯知所要回到的统一体。”从“纯有”到“纯知”（绝对理念），构成理念在逻辑领域从抽象上升到具体的过程。当中央深改委将“塞罕坝林场先进事迹”写入推进大规模国土绿化行动指导意见时，原始经验中艰苦创业的坚韧性被抽象为制度创新的革命性，治沙技术的地方性参数被升华为山水林田湖统筹治理的战略常量。

三、创新变革：新时代跃升时期的镜鉴（2018 至今）

党的十八大以来，以习近平同志为核心的党中央，从建设生态文明是中华民族永续发展千年大计、根本大计的历史高度出发，着眼新时代中国社会主要矛盾变化，坚持人与自然和谐共生，全面启动生态保护、污染控制和资源节约的转型发展进程，坚决打好污染防治攻坚战，开展了一系列根本性、开创性、长远性工作，推动中国生态环境保护发生了历史性、转折性、全局性变化。我们党形成了指导新时代生态文明建设的强大思想武器——习近平生态文明思想。习近平生态文明思想是习近平新时代中国特色社会主义思想的重要组成部分，其所内涵的“生态兴则文明兴，生态衰则文明衰”“保护生态环境就是保护生产力，改善生态环境就是发展生产力”“绿水青山就是金山银山”“良好的生态环境是最公平的公共产品，是最普惠的民生福祉”“全球生态文明建设的参与者、贡献者和引领者”等一系列重大的科学论断，既是最具中国特色、东方智慧的原创性思想，具有鲜明的时代特征，同时又深刻揭示了人类文明发展规律，丰富了马克思主义人与自然关系学说，深化了党的执政理念和执政方式，进一步拓展了人类命运共同体的新视野。

（一）“生命共同体”理念的历时演绎：塞罕坝精神谱系的生态位重构

“生命共同体”“人与自然生命共同体”“人类命运共同体”等观念的核心，就是要维系人与自然、人与人、人与社会关系的和谐共生。习近平曾在党的十九大报告中指出“人与自然是生命共同体，人类必须尊重自然、顺应自然、保护自然”，将人与自然关系在新时代的表现总结为“生命共同体”，构建了具有中国特色和全球视野的新型人与自然关系。“生命共同体”以“生命”为基础，以“共同体”为形态和旨归，以其辩证性、整体性深刻阐述人与自然关系中人、自然等多重要素的合力作用与和谐发展状态，对自然的地位与价值、人的存在与发展以及以人与自然为核心的关系论分别进行了阐明。

塞罕坝生态系统的重建过程，本质上是这一实践的历时性注脚。马克思设想的“人与自然的和解”并非抽象理念的空中楼阁，而是通过社会化生产力的合理运用达成的现实运动。当林场建设者将机械造林与传统适地适树经验相结合，以“三北防护林”工程的系统性思维替代单一经济林种植的功利性考量时，个体劳动转化为社会化的生态生产力。恰如《资本论》中所言：“联合起来的生产者，将合理地调节他们与自然之间的物质变换。”在这个过程中，三代造林人胼手胝足的百万亩植树壮举，既是对机械决定论的扬弃——拒绝将生态修复简化为技术主义操作，也是对人本中心主义的超越——强调劳动主体在生态价值创造中的能动性。这种实践智慧将生态系统的自组织规律与人类社会的自觉规划相统一，使荒漠化治理从对抗性改造升华为适应性共生。

从“黄沙蔽日”到“绿海澎湃”的生态嬗变，塞罕坝生动诠释了生命共同体理念如何在实践维度重构人与自然的共生秩序。这个精神坐标由三个关键要素构成——以自然演进规律为基准的价值体系，以人类主体实践为本的生存哲学，以及以共生关系为枢纽的生态智慧，共同诠释了新时代生态文明建设的深层逻辑。塞罕坝精神是对以自然为中心的价值论的生动诠释。塞罕坝人面对荒漠化的土地，没有选择逃避或放弃，而是毅然决然地投身到植树造林、生态修复的伟大事业中。他们深知，自然是人类生存的基础，是万物孕育与诞生的摇篮。塞罕坝的实践证明，只有尊重自然、顺应自然、保护自然，才能实现人与自然的和谐共生，才能确保人类社会的可持续发展。塞罕坝精神不仅彰显了自然的基底价值，更通过实际行动诠释了自然对于人类生存与发展的重要性。此外，塞罕坝精神彰显了以人为底色的生存论。人是自然的一部分，人的实践活动是推动人与自然关系发展的重要动力。塞罕坝人在艰苦的环境中，通过智慧与汗水，将荒漠变为绿洲，不仅改善了生态环境，也实现了自身的价值。他们用自己的行动证明，人不是被动的接受者，而是能动的创造者。人类通过劳动实践，与自然进行物质交换，实现自身的生存和发展。塞罕坝精神鼓励人们发挥主观能动性，积极投身生态文明建设，为实现美丽中国贡献自己的力量。同时，塞罕坝精神体现了以人与自然为核心的关系论。塞罕坝的实践告诉我们，人与自然不是对立的，而是共生、共存、共荣的共同体。塞罕坝人通过植树造林、系统治理，实现了人与自然的和谐共生。他们认识到，生态系统中的各个要素是相互依存、相互影响的，任何一个环节的破坏都会影响整个生态系统的平衡。因此，他们坚持绿色发展理念，注重生态系统的整体性和关联性，努力构建人与自然和谐共生的美好家园。

至此，这一过程既是对马克思自然观“改变世界”哲学品格的当代回应，也是对中华文明“赞天地化育”传统的创造性转化，更为全球生态治理贡献了“系统性修复、整体性增值、包容性共享”的中国方案。在这片曾被风沙撕裂的土地上，生命共同体理念正以根系般的韧性缝合着自然与社会、历史与未来的断裂，书写着新时代人与自然关系重构的生态辩证法。

（二）“生态文明新形态”的本土化构建：塞罕坝精神谱系“他述”到“自述”的历史进步

按照马克思的世界观，人类文明形态的演进本质上是人类这一物种寻求永生的过程。人类文明新形态是古老的中华文明在现今的世界历史进程中所达成的文明样态，为人类文明宝库增添了新内容，代表了人类文明发展的新方向。一个伟大的民族，总有伟大的文明。习近平指出：“我们坚持和发展中国特色社会主义，推动物质文明、政治文明、精神文明、社会文明、生态文明协调发展，创造了中国式现代化新道路，创造了人类文明新形态。”这是一个具有深邃理论内涵和重大实践指向的标识性概念，展现出中国特色社会主义事业在人类文明发展史上的伟大成就，超越了西方国家依仗强力建构的文明他述，彰显了古老而常新的中华文明的精神高度和世界历史意义。

概念是对一定的社会实践及其历史状态在理论上的抽象概括。正如马克思所说：“适应自己的物质生产水平而生产出社会关系的人，也生产出各种观念、范畴，即恰恰是这些社会关系的抽象的、观念的表现。”可见，各种观念、范畴、概念既不是预先存在的，也不是凭空产生的，而是对现实存在的社会实践或社会关系的抽象和总结。文明概念也是如此，它的基本内涵是对人类社会走出原始的蒙昧、野蛮状态而达到较高的社会发展阶段，通过劳动实践实现“人化的自然界”、走向“人本学的自然界”的过程及其成果的理论概括。从黄沙蔽日的“荒原绝境”到林海苍翠的“绿色明珠”，塞罕坝的生态涅槃不仅是中国生态文明实践的标志性成就，更构建了一套突破西方生态叙事、彰显本土价值的“精神谱系”，成为“生态文明新形态”从历史实践中生长、在代际传承中演进的本土化范式。这一进程以塞罕坝为主体叙事场域，实现了三重历史生成逻辑的跨越，从接受外来生态技术框架到创造内生性生态治理模式，从单一环境工程到系统文明形态，从区域性实践样本到全球性价值符号，在世界文明史上刻下东方生态智慧的创新坐标。

塞罕坝三代造林人的实践率先打破从“自然资本论”到“生态服务付费”

这一认知霸权。当西方国家用“每公顷碳汇价格”计算森林价值时，塞罕坝人以“功成不必在我”的集体主义精神修复生态，创造出“不依赖市场交易驱动、超越短期经济理性”的治理模式。2017年，塞罕坝获得联合国“地球卫士奖”，实则是西方生态话语体系对东方伦理价值的被动承认。这种由“苦难叙事”（荒漠化生存危机）向“精神叙事”（生态自觉）的转化，证明发展中国家完全能在西方理论外开辟新文明路径。具体来讲，塞罕坝精神谱系之所以构成“新形态”内核，在于其成功激活传统生态智慧与现代治理技术的三重托举。一是文化基因转化，其将“前人栽树后人乘凉”的朴素生态伦理升华为“绿色发展代际契约”。三代造林人接力拓荒的历史连续性，超越了西方“代际公平”的工具性定义，成为“天人共生”文明观的具象化表达。二是制度创新突破，其创立“党委统筹－科技支撑－群众参与”的三维机制。从1962年“先治坡后治窝”的生存式造林，到“林场＋社区＋产业”的共治模式，打破了国家管控与市场主导的二元对立。其独创的樟子松抗旱造林技术体系，更是对西方适地适树理论的本土化超越。三是价值范式重构，塞罕坝绿进沙退经验输出至库布齐沙漠、浑善达克，形成“以本土案例定义生态标准”的话语生产链。正如第二代造林人的回忆：“我们种的不仅是树，更是中国人对自己文明的信心。”

（三）“绿色生态生产力”的质态演化：塞罕坝精神谱系的历史哲学反思

习近平指出：“绿色发展是高质量发展的底色，新质生产力本身就是绿色生产力。”作为新时代生产力发展的先进质态，新质生产力内含环境保护与可持续发展等生态要素，生动诠释了高质量发展与生态文明建设之间有机融合的话语叙事。从机械化大生产催生的“黑色生产力”，到科技创新驱动的“智能生产力”，人类社会始终在寻求生产力形态的质变跃迁。而在塞罕坝机械林场60余年的生态实践史中，一种具有中国特色的“绿色生态生产力”逐渐显影——它以土地伦理重构生产逻辑、以生态理性重塑价值内核、以代际契约重释发展内涵，最终在物质创造与生命系统修复的辩证统一中，实现了生产力质态的范式转移。这种演化本质上是工具理性向生态价值升维的历史进程，其价值不仅在于创造了112万亩人工林海的物质奇迹，更在于为中国式现代化提供了破解"生产力悖论"（即物质繁荣与生态毁灭并存）的实践路标。

具体来讲，塞罕坝绿色生产力的生成史，映射着人类对生产力认知的四重突破。在生存导向阶段（1962—1982），是以落叶松全光育苗技术突破为核心的生存型生产力。此时生态修复是抵御风沙、保障华北农牧业存续的工具，三班倒马蹄坑大会战体现着工业文明式的效率崇拜，本质上仍未摆脱"人定胜天"的传统生产力观。在生产驱动阶段（1982—2000），机械化造林与多树种混交模式标志着生产力升级，但"以林养林"的经济逻辑导致功能异化。当林场为增收大举开发森林旅游时，核心区生态系统的破碎暴露出工具理性主导的局限性。在生态自觉阶段（2000—2015），森林碳汇计量、生物多样性保育等理念引入，推动"生态系统生产总值"概念落地。塞罕坝的"绿色账户"开始统计水土保持、气候调节等非经济价值，标志着生产力内涵从"物化劳动"向"生态服务"的质性拓展。在文明范式阶段（2015 至今），乌兰布统草原"退牧还林"工程中，牧民转变为生态管护员；森林碳汇交易首单签约实现生态价值货币化。此时"绿水青山"向"金山银山"的转化机制成熟，生产力终于摆脱增长与保护的二元对立，在系统协调中形成自洽的文明操作系统。这种质态演化绝非线性进阶，而是充满矛盾与扬弃的辩证发展。第一代造林人"头枕石头睡"的拓荒精神中，实则包含对传统生产力观的路径依赖；而旅游开发期的困局，恰成为触发生态价值觉醒的关键转折。这种历史实践的自我否定性，使塞罕坝成为中国生态生产力演进的活体标本。

塞罕坝经验对西方传统生产力逻辑的超越，也体现为哲学层面三重辩证关系的重塑。一是工具理性与价值理性的和解。西方"浅绿"理论主张通过技术进步提高资源效率（如碳捕捉技术），仍未脱离工具理性桎梏。而塞罕坝樟子松抗旱栽植法的创新，始终以恢复森林群落完整性为价值坐标，技术演进服务于"维持生态系统韧性"的更高目的。这种"技术为体、伦理为魂"的模式，弥合了"能做"与"该做"的分裂。二是物质生产与生态再生产的融合。传统生产力理论中，生态治理被视为对物质生产损耗的补偿性投入。塞罕坝通过林药间作、碳汇交易等机制，使防风固沙的生态功能直接转化为经济收益，证明生态再生产能够驱动而非消耗物质生产。2020 年林场碳汇收益突破亿元，宣告生态价值"可计量化"历史障碍的突破。三是代内效率与代际正义的统一。工业文明强调即期收益最大化，导致生态赤字代际转移。塞罕坝三代建设者的接续奋斗，将半世纪树木成材周期纳入生产力考量，形成“百年尺度”的发展伦理。这种慢生产力看似低效，却通过资源跨期配置实现了代际帕累托改进。

而塞罕坝精神谱系的当代历史价值，在于其勾勒了生态生产力跃迁的中国路径。当西方仍陷在增长极限论与去增长主义的抽象论争中时，中国通过本土实践证明了生产力的质态革命可能——这种革命不在于否定物质创造，而是以生态逻辑重构“生产－生活－生命”的关系网络。当塞罕坝人用树的年轮替代 GDP 增长率丈量发展，用负氧离子浓度定义生活质量，一个以生态整全性为核心的新质生产力范式已然显现。这不仅是技术路线的创新，更是人类文明存续哲学的东方启示。

第四节　实践逻辑：依托开创中国特色社会主义的宏伟征程

世界的发展不是什么绝对理念自我实现的过程，而是人类通过自己的实践自我创造和自我实现的过程。实践，作为马克思主义科学世界观的核心，不仅是区别于人的单纯思想活动的感性活动，更重要的是，这种活动同时受着人之外的客观物质条件的影响。以唯物主义的历史观为依托，从物质生活的生产方式这一视角出发，马克思主义找到了“实践”这一历史发展的动力，从而以一种“内在于历史”的原则，深刻把握住了作为“活物”的历史本身。在这一理论框架下，中国特色社会主义的生态现代化实践，本质上成了制度优势、技术革命与文明觉醒的辩证统一。塞罕坝精神作为这一进程中的精神坐标，以“荒漠变林海”的实践史诗，生动诠释了中国共产党在生态文明领域“守正不泥古、创新不离宗”的实践辩证法。这一实践逻辑的展开，不仅是对马克思主义自然观的时代化践行，更是中国特色社会主义在人与自然关系领域为人类文明提供的崭新路标。它证明了人类通过自己的实践，不仅能够创造和改变物质世界，还能够在生态文明建设中实现自我超越，走向更加和谐、可持续的未来。

一、作为制度性实践创新的内生动力

马克思指出，社会生活在本质上是实践的。同理，现实人的生活世界在本质上也是由实践构成的。这就是说，一方面，现实人的生活世界、社会生活是在实践中得以生成、实现和确证的，它遵循的是具体的实践发展过程及其实践发展逻辑；另一方面，现实人的生活世界是一个自然历史发展过程，它具有自身发展的现实逻辑。通过具有内在逻辑联系的机制和环节，使事物在实践过程中成为“是”，在千百万人民群众的活生生的实践中创造性地成为“是”，这是作为生态文明制度性创新内生动力的逻辑展演。

（一）一种辩证否定的“实践性生成”

所谓“生成”就是事物、对象在现实人的生活世界及其现实逻辑中的生长和“成为”过程，它可以用具体的时间、空间和条件来把握。这就把实践生成论建立在厚重的现实基础之上，其实质就是要遵循事物发展的现实逻辑，注重从现实发展过程出发规定事物。就“生成”的外延而言，所谓生成论思维方式中的“生成”，主要包括实践性生成、辩证性生成、历史性生成；但从本质或核心来讲，首要的是实践性生成，辩证性生成、历史性生成都植根于实践性生成。所谓“实践性生成”，就是事物在实践过程中之生成。马克思在《德意志意识形态》中揭示了“全部社会生活在本质上是实践的”这一根本命题，为塞罕坝精神的生成提供了本体论基础。这种生成性不是线性的机械演化，而是遵循“实践—认识—再实践”的螺旋上升逻辑，在主体与客体的双向互动中实现对既有生产方式的辩证否定。塞罕坝半个多世纪的生态治理史，本质上是一部通过实践生成性推动生态文明制度创新的演化史。

从“向自然索取”到“与自然和解”，20 世纪 60 年代塞罕坝人面对的是“黄沙遮天日，飞鸟无栖树”的生存危机，这种危机本质上是工业文明初期“人定胜天”实践逻辑的产物。第一代建设者在“先治坡、后治窝”的口号中，以马蹄坑造林法、全光育苗技术等实践创新完成了对传统掠夺式开发模式的第一次否定。这种否定不是简单的抛弃，而是通过“肯定—否定—否定之否定”的辩证运动，在保留人类改造自然能动性的同时，注入生态规律的客观制约性。当1993年《塞罕坝森林资源管理条例》颁布时，制度文本中“生态优先、适度开发”的原则，正是实践场域中主体尺度与客体尺度矛盾运动的观念升华。

从经验摸索到体系建构的螺旋上升，实践生成性理论强调制度不是理性设计的产物，而是实践经验的凝结与升华。塞罕坝的制度创新呈现出鲜明的“实践—制度—新实践”循环特征，即20世纪70年代三级育苗体系的建立，源于林场工人在冻土环境中反复试验的实践经验；2000年前后生态补偿机制的探索，直接回应了市场经济条件下生态保护与经济发展的现实矛盾；2017年《塞罕坝生态文明建设条例》的出台，则是对几十年生态实践的体系化总结。这种制度生成过程符合马克思“从具体到抽象、再从抽象到具体”的方法，每个制度节点都镌刻着实践主体对生态规律的认知深化。

塞罕坝精神的核心“牢记使命、艰苦创业、绿色发展”，本质上是实践生成性在价值层面的凝结。当第三代建设者运用“近自然经营”理论改造人工林时，他们不仅实现了从“造林”到“育林”的技术跨越，更完成了从工具理性到价值理性的哲学升华。这种升华体现在制度设计中，就是《塞罕坝国家森林公园总体规划》将“生态教育功能”纳入核心指标，使生态保护从政府主导的行政行为转化为全民参与的价值共识。正如恩格斯在《自然辩证法》中所言：“我们对自然界的整个统治，是在于我们比其他一切动物强，能够认识和正确运用自然规律。”在习近平生态文明思想指引下，塞罕坝的实践生成过程正在展开新的历史维度，碳汇交易制度的探索、智慧林场的建设、生态产品价值实现机制的创新，这些新实践正在塑造着生态文明制度的未来形态。这种永不停歇的实践性生成，恰恰印证了马克思主义实践哲学的本质特征——“对现存的一切进行无情的批判”，而这种批判的武器，正是亿万人民群众改天换地的实践活动。塞罕坝的绿色奇迹表明，生态文明制度不是空中楼阁，而是深深植根于实践土壤中的理论之花，其生命力就在于不断自我否定、自我更新的生成性本质。

（二）一种"跨越"转化的制度性价值形态

马克思在《给维·伊·查苏利奇的复信》中提出的"跨越卡夫丁峡谷"理论，为后发国家突破线性发展逻辑提供了实践哲学框架。从"不毛之地"到"生态明珠"的塞罕坝式蜕变，正是中国共产党以制度创新实现生态文明领域跨越生长的典范，是社会结构、文化观念、政治制度不断变迁的实践过程。

从"历史必然性"到"实践选择性"，马克思的"跨越"理论突破了机械唯物史观的桎梏，强调"世界历史进程中的主体性选择"。传统工业文明遵循"生产力决定生产关系"的单向度逻辑，而塞罕坝的制度设计创造性地运用了"生产关系反作用于生产力"的辩证原理。在所有制层面，建立"国家所有、分级管理、全民共享"的林权制度，将 55.6 万亩荒漠化土地收归国有，通过生态公有制打破私人资本对自然资源的垄断，这与马克思在《资本论》中设想的"自由人联合体"的所有制形式形成历史呼应。在分配制度层面，创设"生态贡献值"核算体系，将林木蓄积量、碳汇增量等生态指标纳入绩效考核，使造林人从"砍树人"转变为"看树人"，这正是社会主义分配思想的生态化实践。

从外源冲击到内源创新，近代中国"器物—制度—文化"的被动转型模式，与塞罕坝"文化—制度—物质"的主动跨越形成鲜明对比。三代造林人以"忠于使命、艰苦奋斗"的精神传统为纽带，将"天人合一"的传统生态智慧与马克思主义生态观相融合，形成生态伦理共同体，这与马克思在《1844 年经济学哲学手稿》中提出的"完成了的人道主义，等于自然主义，它是人和自然界之间、人和人之间的矛盾的真正解决，是存在和本质、对象化和自我确证、自由和必然、个体和类之间的斗争的真正解决"。此外，1962 年确立的"三统一分"管理体制（统一规划、统一育苗、统一造林、分户管护），既继承了中国古代"官山海"的资源管理传统，又创造性转化了列宁的国家资本主义理论，形成社会主义生态计划经济的雏形。

塞罕坝的实践证明，这一制度性的价值跨越本质上是制度理性对历史必然性的创造性应答。中国共产党以"生态优先、人民至上"为价值锚点，通过"传统智慧激活—制度体系重构—技术范式创新"的协同演进，实现了从

“追赶型现代化”到“引领型现代化”的历史性跨越。这种跨越不仅是对列宁“一国胜利论”的生态化发展，更是对马克思“世界历史理论”的时代诠释——当社会主义制度优势与生态文明建设需求深度耦合时，人类文明形态的跃迁便获得了现实的实践路径。

（三）一种“制度性实践”的考辨

马克思主义的框架是对长期制度变革的最有力的论述。在诺斯与马克思关于制度本质的哲学思辨中，塞罕坝生态文明制度的生成逻辑构成了历史唯物主义的当代注脚。诺斯以个体主义方法论为根基，将制度简化为理性经济人规避交易成本的契约合意，其理论内核是新古典经济学的功利主义假设；马克思则立足社会实践本体论，揭示制度本质是社会分工体系中利益关系的对象化存在，其核心逻辑是生产力与生产关系矛盾运动的辩证法。从“生态危机”到“生态红利”的塞罕坝式跃迁，本质上是马克思“制度源于人与自然物质变换”命题的实践展开。

诺斯的契约论遵循“个体理性—交易成本—制度合意”的线性逻辑，预设制度是自利个体为规避机会主义而缔结的平等契约。他认为制度是全部社会制度一个层次的上层建筑中的法定权利、政治秩序和道德准则。而塞罕坝的制度实践对此形成根本颠覆，20 世纪 60 年代创业者的集体行动，既非基于合作剩余的功利计算，亦非源于交易费用的理性权衡。在年均 4.8 个月无霜期的极端环境中，造林人以“忠于使命”的精神纽带凝聚成利益共同体，这种超契约的伦理共识，恰是马克思克服劳动异化的生动注脚——当生态危机超越个体理性边界，制度建构必须回归“人与自然物质变换”的本源性逻辑，而非个体间的博弈均衡。

相较之下，马克思的历史唯物主义则在塞罕坝实践中展现出三重理论穿透力。其一，制度起源的实践性。塞罕坝“国家所有、分级管理”的林权制度，并非个体契约的结果，而是“生态生产力（防沙治沙）—生产关系（公有制主导）—上层建筑（林权立法）”辩证运动的产物。这种制度生成路径，印证了马克思“制度起源于物质生产方式”的论断，即当机械化造林技术突破原始生态承载力，公有制产权安排便成为协调代际利益的必然选择。其二，制度本质的利益性。通过生态贡献值核算体系，造林人从“砍树人”转变为“看树人”，这种生产关系变革不是交易费用降低的市场选择，而是消灭私有制分工的社会主义实践。马克思指出，“制度是固化的利益关系”。塞罕坝将生态保护绩效纳入分配结构，实质是通过制度重构实现“人与自然矛盾向社会利益关系的转化”。其三，制度演进的革命性。诺斯无法解释的“代际产权制度”（林木增长部分归下一代），在马克思框架中获得合理解释，当生态治理的长效性超越个体生命周期，制度必须突破“即时交易契约”的局限，以“社会整体利益”为价值锚点。这种“超个体的制度理性”，正是马克思“自由人联合体”理想的阶段性实现。

至此，这一实践生成印证了马克思的哲学洞见，“制度的本质不在人性之中，而在人与自然的矛盾之中”。当诺斯仍在理性经济人的迷宫中寻找制度原点时，中国共产党已在人与自然生命共同体的实践中，创造出“生态优先、人民至上”的新型制度文明。这种制度不是交易费用的平衡术，而是生产力发展要求与社会利益关系的历史统一，是对马克思“制度是凝固的社会关系”理论的时代诠释。从工业文明的征服逻辑到生态文明的共生逻辑，本质上是劳动从异化到解放的制度性变革，为人类文明形态跃迁提供了马克思主义的实践哲学范本。

二、作为技术性实践创新的辩证突破

在马克思看来，技术既是人“在世生存的基本方式”，亦是“历史之谜的解答钥匙”，其本质是“实践的自我确证”。恩格斯也曾指出：“在马克思看来，科学是一种在历史上起推动作用的、革命的力量。任何一门理论科学中的新发现，即使它的实际应用甚至还无法预见，都使马克思感到衷心喜悦。”马克思始终关注自然科学各个领域的发展状况，高度重视科学技术的地位与作用。

（一）一种实践意义上的“大写的技术”

马克思主义科技观的革命性，在于它超越了工具理性的狭隘视域，将技术置于“实践－历史－存在”的三维坐标中，揭示其以一种“大写的方法”显现在我们面前、作为“大写的技术”的哲学本质。这种大写的技术不是外在于人的客观装置，而是感性活动的对象化展开，是贯穿人类文明史的存在论原则。

这一视角下，塞罕坝精神的本质是大写的技术。它超越了工具理性层面如具体造林机械或种植技术等“小写技术”，而是以人与自然物质变换的实践为本体，将技术升华为“历史之谜的解答”的哲学存在。这种大写的技术在塞罕坝实践中展现为双重维度，即作为存在论的技术、作为解放逻辑的技术，二者构成了马克思“完成了的自然主义与人道主义统一”的当代注脚。

作为存在论的技术，塞罕坝践行马克思“技术是人的本质力量的对象化”的命题。三代造林人以“忠于使命、艰苦奋斗”的精神纽带，将造林技术转化为“人化自然”的历史实践。这种技术不是外在于人的工具，而是“劳动本身的力量”的具象化。从“逐水而居”的原始生存到“治沙造林”的主动改造，技术成为连接人与自然的“存在论桥接”。“工业的历史和工业的已经生成的对象性的存在，是一本打开了的关于人的本质力量的书”，塞罕坝的变迁正是这部打开的书中最壮丽的篇章，机械化造林技术的应用不是冷冰冰的器械操作，而是人的类本质的对象化确证。塞罕坝实践超越了马克思所批判的技术异化，展现了技术解放的可能性。在资本主义生产方式下，机器技术成为资本统治劳动的工具，而塞罕坝的生态公有制与代际产权制度，使技术回归属人的本质，即造林技术不再是剥夺自然的手段，而是人与自然和解的媒介；造林人从听命于资本的雇佣劳动者转变为生态共同体的主体创造者，实现了马克思所言“劳动从异化到自由”的跃迁。这种解放逻辑印证了大写的技术是消除异化的实践。当造林技术与社会主义制度结合，便成为“剥夺者被剥夺”的生态版演绎，使“沙退人进”的征服逻辑让位于“绿进沙退”的共生逻辑。可见，真正的技术进步不是加速主义的盲目狂奔，而是历史主动精神的觉醒——正如塞罕坝人用半个世纪的坚守所证明的，当技术回归属人的尺度，当实践成为感性的人的活动，人类便握住了打开历史之谜的钥匙。而这把钥匙，正是马克思所属望的大写的技术的本质力量。

（二）一种生产意义上的"技术与空间"

作为马克思主义生产理论的重要面向，技术是基于人类现实需要的一种以工具为中介的创造性实践形式和人的本质力量的对象化，其遵循规律性目的性的统一并具有一定的意识形态性，成为空间生产和再生产过程的中介力量。因此，阐释马克思的技术思想必须考虑其与空间的内在逻辑，此内在逻辑主要表征于技术主导下的时空压缩、空间深度化以及空间的生产性等诸多面向。从"不毛之地"到"生态屏障"的塞罕坝式嬗变，其精神的建构深谙"技术—空间—生产"三位一体的转换，即技术不仅是改造自然空间的工具，更是重构社会关系、形塑文明形态的革命性力量，其与空间的互动遵循"合规律性与合目的性统一"的实践逻辑。

马克思批判了将技术视为中性工具的机械论观点，强调技术是"历史的有力杠杆"。塞罕坝的人工造林技术体系，既遵循自然物质代谢规律，又承载修复生态屏障的社会目的，这双重理性使技术超越了工具范畴，成为空间生产的能动主体。当造林人将水平阶整地、混交林营造等技术应用于荒漠化空间，实则是将"人化自然"的实践逻辑注入"自在空间"，使空间从"地理容器"转化为"生产性存在"，印证了马克思"工艺学揭示人对自然的能动关系"的论断。与海德格尔将技术视为"座架"的悲观主义不同，马克思从"实践哲学"维度揭示技术的解放潜能。在技术层面，"近自然林业"打破"征服自然"的工业逻辑，践行马克思"人与自然和解"的生态理想；在制度层面，"生态公有制"将技术成果转化为公共产品，超越了资本主义"技术异化－空间资本化"的悖论；在文化层面，"忠于使命"的精神传统使技术实践升华为"空间正义"的伦理追求，印证了马克思"技术解放依赖于社会关系解放"的科学判断。当技术不再是"外在于空间的工具"，而是"空间生产的内在灵魂"，当空间不再是"技术应用的消极场所"，而是"技术发展的辩证主体"，便构建出了"人与自然生命共同体"生命力的价值锚点。

在马克思的空间理论中，"空间是凝固的社会关系"。塞罕坝的技术实践催生了三重空间辩证法。一是物理空间的技术化重构。通过"人工促进天然更新"技术，流动沙丘被重构为森林生态系统，实现"空间质性的革命"，这与马克思所言“劳动资料的使用是人类劳动过程独有的特征”形成历史呼应。二是社会空间的关系性生产。林权制度改革将“无主沙地”转化为“国家－集体－个人”的产权空间，技术应用使劳动者从“空间的被动适应者”转变为“空间的主动生产者”，印证了马克思“空间生产本质是生产关系再生产”的判断。三是时空关系的辩证统一。跨代际产权将技术成果的享用权延伸至未来世代，使空间的延展性与时间的连续性在制度层面耦合，诠释了马克思“时间是人类发展的空间”的哲学命题，使技术回归到实践哲学的道路和人类精神世界、生活世界的现实中。

（三）一种人学意义上的“技术性过程”

技术因主体的人的存在而存在，对技术的理解本质上就是对人自身的理解。可见，人学逻辑是马克思技术观的根本逻辑所在。究其原因，主要在于“人学是马克思整个思想体系中的一个不可被取代的相对独立的组成部分，在其中具有前提、中心和总体的地位”。从技术的发展演进看，主体的人始终同技术相依相存。具体而言，现实的人是理解技术的逻辑起点，实践人学贯穿于技术发展过程的始终，而促进人的发展则是技术的逻辑归宿。因此，马克思技术观展现的人学逻辑，拓展了我们理解技术的思维实践场域。马克思在《德意志意识形态》中指出，技术的本质是“现实的人的本质力量的对象化”，其发展逻辑始终围绕“人－自然－社会”的实践性展开。塞罕坝半个世纪的生态治理实践，正是马克思“技术人学”理论的生动诠释，从“沙进人退”到“绿进沙固”的转变，不仅是自然空间的重构，更是人的本质力量的历史性展开，其全过程贯穿着“现实的人—实践人学—人的发展”的人学逻辑链条。

现实的人构成技术过程的原初起点。马克思批判了脱离人的抽象技术观，强调“技术的主体始终是进行物质生产的人”。塞罕坝的造林人作为“感性的实践存在”，其生存需求直接催生了造林技术的应用，当土地沙化威胁基本生存，人们将水平阶整地、抗旱造林等技术转化为生命延续的手段，使技术从书本知识转化为人的存在方式。这种“需求—技术—满足”的循环，印证了马克思“技术是人的本质力量的公开展示”的论断——每一项技术革新都是造林人“体力与智力的对象化”，是人通过技术确证自身存在的哲学表达。在极端环境中,技术不再是外在于人的工具,而是“人作为类存在物的本质证明”。

马克思认为技术的解放力量在于将人从必然王国推向自由王国,这种超越了技术乐观主义与悲观主义的对立,证明“通过技术实践重构人与自然、人与社会的关系”是实现人的解放的必由之路。实践人学贯穿技术过程的核心逻辑。马克思强调全部社会生活在本质上是实践的,技术过程本质上是人通过劳动与自然对话的社会性实践。塞罕坝的技术应用展现了双向实践特质。一是自然向人的生成。通过人工促进天然更新技术,流动沙丘转化为稳定的森林生态系统,实现“自在自然向人化自然的哲学转化”,这与马克思“劳动是人与自然物质变换的中介”思想相呼应。二是人向社会的生成。林权制度改革将技术成果转化为社会公共产品,使造林人从技术的被动执行者转变为“技术–社会”关系的建构主体,确证了“技术实践创造社会关系”的判断。这种“主客体双向运动”打破了技术决定论的单向度思维,使技术成为“连接人与自然、人与社会的实践纽带”,最终指向“社会关系的革命性重构”,构成技术过程的终极归宿。

三、作为文明性形态创新的范式超越

马克思、恩格斯的文明观是人类文明思想的伟大革命,首次将文明问题真正置于科学的世界观、历史观之上,为人们科学看待和解决文明问题提供了先进思想武器,为人类谋求发展进步和开创全新文明形态开辟了巨大历史空间。生态文明观作为一种对生态环境及其地位和作用的自觉意识,在我国是逐渐形成和发展起来的,为审度塞罕坝精神的文明意义上的实践逻辑提供了钥匙。

(一)一种生态文明动力演进的实践自觉

马克思指出,哲学“是文明的活的灵魂,哲学已成为世界的哲学,而世界也成为哲学的世界——这样的外部表现在所有的时代里都是相同的”。塞罕坝半个多世纪的生态治理实践,是马克思主义文明观在当代中国的生动演绎,其精神内核深刻诠释了生态文明观从生产、生命到生活的逻辑演进。马克思在《1844年经济学哲学手稿》中揭示，人与自然的物质变换是文明的基础，而塞罕坝从“沙退人退”到“绿进沙固”的转变，正是通过“劳动实践—生态修复—文明重构”的辩证运动，实现了对资本主义“征服自然”文明观的超越，展现了社会主义生态文明的实践逻辑。

生产逻辑的生态化转向构成塞罕坝精神的物质基础。马克思指出，“劳动首先是人和自然之间的过程”，但资本主义生产方式导致“人和土地之间的物质变换断裂”。塞罕坝人以“无林—造林—护林”的生产实践，将“改造自然”的传统生产逻辑升级为“修复自然”的生态生产逻辑，通过水平阶整地、抗旱造林等技术，重构了人与自然的物质变换关系，使“劳动过程既是人占有自然物质的过程，也是向自然偿还‘生态债务’的过程”。这种生产逻辑的转变，印证了恩格斯关于“我们不要过分陶醉于对自然界的胜利”的警示，将“可持续的生产力”确立为文明进步的根本标准。而生命共同体的哲学建构是塞罕坝精神的核心内核。马克思在《德意志意识形态》中强调“人是自然界的一部分”，而塞罕坝的实践将这种哲学命题转化为“林—水—人”共生共荣的生态伦理。通过近自然林业技术，人工林与天然次生林形成生命网络，使“自在自然”升华为“人化自然”；通过“跨代际产权”制度，将生态效益的享用权延伸至未来世代，践行了“时间是人类发展的空间”的历史辩证法。这种“生命视界”的转向，超越了资本主义“见物不见人”的文明观，使“保护生态就是保护人类文明”成为实践共识。此外，生活逻辑的文明跃迁是塞罕坝精神的价值归宿。马克思在《共产党宣言》中预言，“每个人的自由发展是一切人的自由发展的条件”，塞罕坝通过“生态脱贫—绿色富民—精神富美”的路径，将“美好生活需要”确立为文明发展的终极目标。林权制度改革使造林人变为“看树人”，“生态贡献值”分配体系实现了“劳动从谋生手段向自我实现的转化”；“忠于使命”的精神传统则将技术性劳动升华为审美创造，使“人与自然和谐共生”从经济命题转化为伦理命题。这种“生活视界”的升华，印证了习近平关于“环境就是民生”的论断，为人的自由全面发展提供了生态基础。

至此，塞罕坝精神的理论价值在于它以“生产合理化—生命平等化—生活审美化”的三重跃迁，完成了对马克思人与自然、人与人的“两个和解”思想的时代诠释。当“绿水青山就是金山银山”打破“增长优先”的工业文明逻辑，当生命共同体超越主客二分的机械论思维，塞罕坝实践确证了生态文明的动力演进，本质上是生产力发展方式、社会关系形式、人的存在样式的系统性变革。这种变革既遵循生产力决定生产关系的历史规律，又体现以人民为中心的价值导向，为人类文明新形态提供了马克思主义的实践范本，在“合规律性与合目的性的统一”中，彰显了社会主义文明的制度优势和道义力量。

（二）一种生态文明形态塑造的实践介质

马克思的文明形态思想是马克思文明思想的重要组成部分，形成于特定的历史背景。马克思立足人的现实的生产生活实践与实际，并在对资本主义文明本质的批判与揭露中观照人的生存状态，建构起关于文明形态思想的大厦。马克思基于唯物史观的原则，根据不同的划分依据，揭示了文明社会的、历史的、地域的三种形态的主要特质与成就。

文明形态的本质是人的本质力量的对象化展开，其演进逻辑始终围绕人与自然、人与社会、人与自身的三重关系展开。塞罕坝半个世纪的生态治理实践，正是马克思文明形态理论的生动诠释，从“沙退人退”到“绿进沙固”的转变，不仅是自然空间的重构，更是文明形态从资本主义向共产主义演进的实践中介，其全过程贯穿着“生产方式变革—人的解放—文明创新”的文明辩证法。其中，生产方式变革构成文明形态转换的物质基础。马克思强调“手推磨产生封建主社会，蒸汽磨产生工业资本家社会”，塞罕坝的实践证明生态生产力同样能够塑造文明形态。当造林人将近自然林业技术应用于荒漠化治理，实则是用人与自然和解的生产方式取代征服自然的资本主义生产方式，使掠夺性生产转向再生性生产。这种生产方式变革催生了生态公有制这一新型生产关系——国家所有的林权制度打破资本对自然的垄断，使自然物质代谢回归社会共同利益，印证了马克思共产主义是自然主义与人道主义的统一的科学预见。

此外，地域文明也创新彰显了文明形态的实践特质。马克思区分了东方文明与西方文明，塞罕坝的实践创造了东方文明的生态形态。一是超越卡夫丁峡谷的文明跨越。通过“制度创新—技术创新—文化创新”的协同演进，塞罕坝直接从前工业文明跨越至生态文明，验证了马克思落后国家可跨越资本主义阶段的理论逻辑。二是破解文明悖论的东方智慧。在“生态优先、人民至上”原则下，塞罕坝将经济增长与生态保护统一于人的发展，超越了西方文明与野蛮并存的资本主义悖论，展现了文明形态的东方特质。三是人类文明新形态的实践预演。通过“五位一体”的系统治理，塞罕坝构建了“经济－政治－文化－社会－生态”协调发展的文明样态，为马克思共产主义文明是全面发展的文明提供了实践范本。

至此，马克思的文明形态思想强调，生产力和生产关系、经济基础和上层建筑的矛盾是推动社会文明思想变迁、文明形态更替的根本动力。而塞罕坝精神正是以实践介质的形态，在“经济生产方式和交换方式以及必然由此产生的社会结构”变更中不断探索、补充、增进这一精神生成的过程性特质，以打通“理论逻辑—历史逻辑—实践逻辑”的文明演进链条。

（三）一种生态文明思想批判的实践透视

塞罕坝精神作为一种生态文明思想批判的实践透视，阐明了资本主义商品细胞中根深蒂固的反生态的基因缺陷，即通过资本的产生、复制、增殖最终逐渐演变为席卷世界的生态危机的发生机制，表现出内容体系的整体性，指向对资本主义生产方式反生态性的超越。根据马克思的分析，资本主义生态危机的根源在于资本逻辑对人与自然物质变换过程的扭曲，生产过程中剩余价值的增殖需求导致对自然资源的掠夺性开发，流通过程中资本循环的加速加剧了资源消耗的不可持续性，而具体资本形式（如地租）则引发了对土地肥力的破坏性榨取。塞罕坝从“黄沙遮天日”到“林海绿波涌”的生态修复实践，本质上是对这一资本逻辑的实践批判，其核心理念贯穿马克思生态批判的三重整体性维度。

一是塞罕坝实践体现了对资本主义生产过程反生态性的直接回应。马克思指出，资本主义生产将使用价值从属于交换价值，导致“劳动首先是人和自然之间的过程”异化为资本增殖的手段。塞罕坝人以修复生态为首要目标，将林业生产的使用价值（森林的生态功能）置于交换价值（木材的经济价值）之上，通过人工造林、科学育林重构了人与自然的物质变换关系。这种生产目的的转变，打破了《资本论》揭示的“为生产而生产”的资本逻辑，使劳动过程重新回归到调整和控制人和自然之间的物质变换的本质属性，弥合了马克思所批判的人和土地之间的物质变换裂缝。

二是塞罕坝的可持续经营模式解构了资本流通过程中的生态自反性。马克思在分析资本周转时强调，固定资本更新的周期性导致资源浪费与生态破坏的恶性循环。塞罕坝采取“采育结合、永续利用”的经营理念，将森林资源视为长期资本而非短期获利工具，一方面，通过科学规划延长林业资本的周转周期，避免了资本主义林业中为追求利润而提前砍伐的短视行为；另一方面，将生态效益纳入价值核算体系，使“不费分文”的自然力（如森林碳汇）通过生态产品价值实现机制获得经济补偿，从而在实践中超越了马克思所批判的自然资源公共属性与私人占有的矛盾。

三是塞罕坝精神的整体性实践印证了马克思生态批判的逻辑结构。从《资本论》的“抽象—具体”逻辑来看，塞罕坝的生态治理依次回应了三个层次的批判：其一，在抽象层面，通过确立“生态优先”的发展理念，否定了商品经济中交换价值对使用价值的统治，消解了生态危机的一般可能性；其二，在生产与流通的现实层面，通过构建“生态 - 生产 - 生活”的协同机制，阻断了剩余价值生产与资源消耗的恶性互动；其三，在具体资本形式层面，通过集体林权制度改革，使土地等自然资源的所有权与经营权统一于生态保护目标，避免了地租理论揭示的土地所有者与使用者双向掠夺的困境。这种实践逻辑与《资本论》从商品细胞到具体资本形式的批判路径形成镜像，证明了马克思生态批判思想的整体性解释力。

质言之，塞罕坝精神的实践价值在于，它以整体性的生态治理范式，验证了马克思关于“人与自然物质变换合理化”的理论构想，揭示了超越资本主义生态悖论的现实可能。这一实践不仅是对《资本论》生态批判思想的当代诠释，更表明生态文明建设必须立足生产方式的整体性变革——唯有打破资本逻辑对自然力的统摄，重建以使用价值为导向的物质生产体系，才能实现马克思所预言的“人和自然界之间、人和人之间的矛盾的真正解决”。

第三章　内容论：塞罕坝精神的叙事内涵

媒介是容器和环境，它容纳了一种可能性，这种可能性又锚定了我们的生存状态，并使人类能“为其所能为”。

——约翰·杜海姆·彼得斯《奇云：媒介即存有》

当今全球范围内，生态环境问题日益严峻，气候变化、生物多样性丧失、水资源短缺等挑战正严重威胁着人类的可持续发展。面对这一全球性危机，讲好生态文明故事、传播中国生态文明建设的成功经验，不仅是对内凝聚共识、推动绿色发展的迫切需求，也是对外展示中国负责任大国形象、促进国际合作的重要途径。塞罕坝，作为中国生态文明建设的典范，其从茫茫荒原到莽莽林海的华丽转变是向世界展示中国智慧和中国方案的生动样本。而传统的叙事方式往往局限于信息在特定空间内的流动，较少探讨自然环境本身作为媒介的角色，难以全面阐释塞罕坝生态文明建设的复杂性和深远性。而塞罕坝作为生态文明建设的典范，其叙事创新为讲好中国生态文明故事提供了新视角。

第一节 塞罕坝作为精神生产资料的媒介

马克思认为，精神生产即人们基于一定历史条件，以物质资料与物质生产为基础，以满足人们精神需求为目的而进行的关于思想、观念、意识的生产。精神生产实际上即与社会存在相对的社会意识的生产。但马克思也指明："思想、观念、意识的生产最初是直接与人们的物质活动，与人们的物质交往，与现实生活的语言交织在一起的。"马克思所处的时代大众文化与传媒事业并不发达，因而马克思的着眼点在于普遍性的物质生产实践之中，对于精神生产作出的是一些基础性的概念规定，如"一定的社会存在（社会定在）决定社会意识"的宏观分析，但社会存在形塑精神世界的具体路径，马克思并未深入分析。然而，随着生产力的更迭，人们已然处在当今这样一个媒介世界之中，世界的精神、思想与交往几乎被无处不在的媒介技术体系所架构。因而，人们或许有必要以媒介的新视角去重新理解马克思。环境媒介不仅传递信息，还深刻影响人类的认知、情感与行为，成为人与自然、社会互动的枢纽。

媒介本身是一个现代概念，但是在前现代先贤的思想中，已经有了类似于媒介的中介概念。前现代的媒介观大体可分为两个层次：一是物质性的层次，即中介物的概念；二是抽象层次，表示一种心灵的、宗教性的中介关系。而以环境要素作为媒介的空间叙事，打破了传统地理界限的桎梏，使空间超越了作为物理存在容器的局限，转而进化为信息传递、文化交流与情感共鸣的广阔舞台。这一变革深植于空间概念的广泛联结之中，它跨越了精神与文化、社会与历史的界限，重构出一个从发现到生产再到创造的复杂叙事过程。其中，不仅限于对新大陆、宇宙的探索，更在于社会空间化、组织化特征的塑造，以及各类作品的诞生，它们共同编织成空间认知的三元转向。这一过程虽具源发性，却遵循着普遍的同存性、共时性逻辑，使得每种空间化机制均成为并置的时空复合体，展现出人类认知与实践的深刻交融。

一、一种精神生产的物质基体

在生产劳动过程之中，生产资料是塑形劳动材料的中介性传导装置与激活生产者在场活劳动的工具记忆模板，狭义的生产资料指生产的工具技术，广义的生产资料则包括场地、设备、基础设施等一切中介性的物质劳动条件。当生产者与特定的生产资料相结合，便意味着一种特定劳动存在被激活。当三代造林人的汗水渗入黄沙，当一棵棵樟子松在风中舒展枝叶，这些物质性存在正以媒介的形态，将人与自然的活动转化为可传承、可感知、可重构的精神产品。塞罕坝的森林生态系统、护林工具、制度文本乃至林业工人的身体实践，共同构成了精神生产的物质基体，在物相化过程中实现了自然存在向社会意识的转化，最终凝结为超越地理空间的精神交往范式。

（一）塞罕坝的媒介性存在表现为精神生产的劳动资料

马克思认为，与其他生产资料形态相比，生产工具及其综合形态的机器“更能显示一个社会生产时代的具有决定意义的特征”。而生产工具范畴是包括各种媒介在内的。马克思说：“火药、指南针、印刷术——这是预告资产阶级社会到来的三大发明。火药把骑士阶层炸得粉碎，指南针打开了世界市场并建立了殖民地，而印刷术则变成新教的工具，总的来说变成科学复兴的手段，变成对精神发展创造必要前提的最强大的杠杆。”

精神生产同样归属于马克思所说的生产范畴，因此，精神生产本身亦是一种凝结着主体目的与“爱多斯之相”的精神物相化活动。但精神生产不等同于意识活动。在马克思看来，意识即“人对人的社会的关系或人的关系”，但是这种关系并非镜像式复刻，而是一种“意识流”。而作为一种创制活动，真正的精神生产劳动往往发生于人对于过往经验的有意向填充与加工之中，这是一种在意识流之中对于被意识的客体进行有目的的创制，并使得“现实的内容”化作“理想的内容”。其中，生产资料的上手性不仅仅是一种工具技术的物质属性发挥，更是将其纳入特定的社会生产场境之中，从而使自身内蕴的潜能内相得以在活的生产劳动中被激活。

而精神生产劳动过程作为对精神生产劳动对象（材料）进行的一种符号

化创制，赋予其一种为劳动目的与“爱多斯之相”所塑形的精神负熵质。信息作为一种负熵质是对于意识流的截流。斯蒂格勒指出，意识是一个不断建构与解构于时间流中的思维活动过程，这也意味着意识流逝如川，此在的意识片段将被即刻临在的意识片段所取代，并且弗洛伊德指认的无意识潜流与拉康所说的大他者暗流永远在澎湃汹涌，因而意识流的本身具有明显的模糊姿态。而精神生产劳动却试图在永不凝滞的意识流之中截取一部分片段将其结晶化，以符号这种确定的存在物相将人脑中不可名状的意义、观念、想法、情感等意识流存在以信息的形式负熵化塑形，例如将自身的思维活动组织为一句话、一段表达、一种概念。但这个意识塑形的过程，却离不开作为精神生产资料的媒介。当第一代造林人用马蹄坑整地法在乱石岗上挖出栽植穴，这些深 40 厘米、宽 50 厘米的土坑不仅是造林的物理基础，更是将“人定胜天”的征服意识转化为适地适树生态智慧的媒介。每一把磨秃的铁锹、每一台轰鸣的植树机、每一座观测火情的瞭望塔，都是马克思所言的死劳动的物相化沉淀——它们承载着林业工人的劳动经验，将三锹半植苗法的技艺编码为工具的功能内相。正如斯蒂格勒所说的“第三持存”，这些生产资料将个体的劳动记忆外化为可传递的物质载体，使“牢记使命”的精神内核得以在代际传承中保持连续性。当第三代造林人使用无人机巡护林海时，数字技术作为新的生产资料，正在将“绿色发展”的理念转化为可量化的碳汇数据，实现精神生产从经验形态向科学形态的跃迁。

（二）森林生态系统本身构成了精神生产的动态场域

作为人类理解和把握世界的重要方式，精神生产并非人脑对外界的直观反映，而是在物质生产实践基础上进行的系统性精神创造活动，从而产生出符号多元化的精神产品。在辩证唯物主义视域下，精神产品对物质实践活动具有的能动作用，本属常识性的认知范畴，但在马克思之前的黑格尔哲学中却绝非如此，精神的能动性被无限放大甚至被赋予本体论意义上的规定。精神生产概念旨在强调人在生产活动中的精神性，即表现在语言中的观念、意识、思维等的生产，其背后蕴含着马克思对历史发展中人的活动的考察。精神生产是与物质生产相对而言的，而“要研究精神生产和物质生产之间的联系，首先必须把这种物质生产本身不当作一般范畴来考察，而是从一定的历史的形式来考察”。马克思从人类社会历史发展的具体过程来考察二者的关系，并指出不同时期物质生产的历史形式。尽管马克思没有具体指明不同历史时期的精神生产形式，但是精神生产因受物质生产的限制和影响，也具有一定的历史特征。不论是精神生产还是物质生产，都是马克思在早期的历史观中谈到的人的活动，都是生产活动的形式，只不过二者生产的产品有别。精神生产生产的是语言中涉及政治、法律、形而上学、道德等主题的观念或思想，而物质生产则生产现实中的人造物。

塞罕坝的混交林结构（樟子松固沙、落叶松成材、云杉涵养水源）不仅是生态科学的实践成果，更是人与自然关系的具象化表达。每一圈年轮都镌刻着气候变迁的密码，每一声松涛都回响着护林人的故事，这些物质性存在在媒介化过程中生成多重象征意义。对游客而言，林海是“绿水青山”的视觉符号；对科研人员而言，森林是生态系统的实验室；对造林人而言，树木是并肩作战的“战友”。这种多重意义的生成，印证了马克思关于“精神生产与物质交往交织”的论断——当林业工人在林间小路上留下巡山足迹，当生态学家在样地中记录树木生长数据，这些物质性实践正在将自然存在转化为社会意识的原材料，最终凝聚为“塞罕坝精神”这一非物质的精神产品。

（三）制度文本与身体实践构成了精神生产的双重编码系统

马克思指出：“就劳动过程只是人和自然之间的单纯过程来说，劳动过程的简单要素是这个过程的一切社会发展形式所共有的。但劳动过程的每个一定的历史形式，都会进一步发展这个过程的物质基础和社会形式。这个一定的历史形式达到一定的成熟阶段就会被抛弃，并让位给较高级的形式。”1962年林业部《关于建立塞罕坝机械林场的决定》作为制度性媒介，以文件形式将国家意志转化为具体的空间生产规划；而造林人李桂林的4000余篇巡山日记，则以私人化的身体书写，将日常劳动升华为带有生命体验的精神叙事。这两种媒介形态的交织，再现了马克思所说的“现实生活的语言”与“思想观念的生产”的辩证关系，国有林场制度作为“硬媒介”，通过产权界定和组织架构形塑了集体劳动的空间秩序；而护林日记作为“软媒介”，以个体记忆的方式保存了劳动过程中的情感体验。当这些制度文本与身体实践在森林碳汇计量监测中心的数字平台上交汇，物质性的监测数据与精神性的生态伦理实现了数字化融合，形成了新型的精神交往界面。

当前，塞罕坝的物质基体正在经历从“生产资料”到“交往媒介”的范式转换。一方面，就人的本质性存在而言，马克思基于主客体范式早已阐明人是一种“对象性的存在物”，人的本质力量只有在改造自然的过程中才能得到实现；另一方面，从整个人类历史发展的进程来看，生活于任何一个历史阶段的人们为了生存和发展都要从事劳动，而“劳动首先是人和自然之间的过程，是人以自身的活动来引起、调整和控制人和自然之间的物质变换的过程”，从而都是以自然为对象的。当森林中的传感器将温湿度数据实时传输至监控中心，当“地球卫士奖”的奖杯在博物馆中陈列，当造林人的故事被改编为话剧《塞罕长歌》，这些物质性存在正在超越其原始的生产功能，成为连接个体记忆与集体意识的媒介节点。这种转换印证了马克思历史现象学的洞见，物质生产的过程同时也是社会关系的生产过程，而媒介作为精神生产的物质基体，其终极意义在于将人与自然、人与人的活动转化为可共享的精神遗产。塞罕坝的百万亩林海，正是这样一个由树木、工具、制度和身体共同塑造的巨型媒介，它用年轮记录着人类超越资本逻辑的精神觉醒，用林涛传唱着人与自然和解的永恒诗篇。

二、一种精神生产的关系构续

生产资料将促发特定的关系构式，这意味着生产主体与被塑形的生产对象物在一定的功效关系场之中，人与物、人与人主体际的客观关系得到重构（再生产）。关系构式具体表现为劳动生产协作之中的生产协作关系以及劳动者与生产资料、生产材料的契合关系，这实际上就是人们以生产（工具）实践为中介所实现的社会交往，而马克思则指认，这种交往甚至就是社会存在与社会生产力本身。在马克思主义生产理论视域下，这个从荒原到林海的嬗变，本质上是劳动者通过生产资料重构人与自然、人与人关系的实践过程，其精神生产属性体现在三个层面的关系构序之中，即生产协作中的主体际关系、人与物的契合关系，以及媒介技术对意识流的塑形作用。

（一）劳动协作关系的重构

三代建设者在极端环境中形成的生产共同体，将个体劳动转化为社会化的实践网络。他们使用的铁锹、树苗、气象观测仪等生产资料，不仅是物质工具，更是关系媒介——铁锹的握柄印着几代人的手纹，树苗承载着代际相传的种植技艺，气象数据记录着不同工种的协作节奏。这种协作关系的构式，正如马克思所言，是“社会存在与社会生产力本身”的具象化，当机械林场的齿轮与人工造林的脚步同频共振，当林业专家的知识图谱与造林人的经验记忆相互嵌套，人与自然的物质变换过程同时建构着新型的社会关系网络。

马克思主义强调，人生活在自然界之中，必须尊重自然界的客观发展规律。人能发挥自己的主观能动性去改造自然，但这种改造是以尊重自然界的客观规律为前提的。恩格斯就曾指出：“不要过分陶醉于我们对自然界的胜利。对于每一次这样的胜利，自然界都报复了我们。”马克思主义认为，人与自然异化的解决关键，在于人与人（社会）的异化的解决，即人与社会冲突的解决。这就是马克思曾经设想过的“自由人的联合体”。一方面，马克思认为人与自然的异化关系源于人与人的关系的异化，即“人同自身以及同自然界的任何自我异化，都表现在他使自身、使自然界跟另一些与他不同的人所发生的关系上。……在实践的、现实的世界中，自我异化只有通过对他人的实践的、现实的关系才能表现出来”。另一方面，马克思又认为人与人的关系的异化源于人与自然的关系的异化，认为正是“通过异化劳动，人不仅生产出他对作为异己的、敌对的力量的生产对象和生产行为的关系，而且还生产出他人对他的生产和他的产品的关系，以及他对这些他人的关系”。就人与自然的异化关系的消除而言，马克思按照异化和复归的逻辑进路来设想合理化的人与自然的关系的建立。

此外，马克思还指出，只有在共产主义条件下，人和自然的关系才能统一起来，“社会化的人，联合起来的生产者，将合理地调节他们和自然之间的物质变换，把它置于他们的共同控制之下，而不让它作为盲目的力量来统治自己；靠消耗最小的力量，在最无愧于和最适合于他们的人类本性的条件下来进行这种物质变换”。这就是说，在共产主义的条件下，人们不仅会合理地调节人际关系，而且会合理地调节人和自然的关系，使社会发展同自然生态系统能够协调进行，因为那时的劳动在彻底摆脱了异化状态之后，将成为人的自由和自觉的活动。这就是说，生态问题绝不是一个单纯的自然问题，而是一个深刻而全面的社会发展问题，必须将这一问题放在从资本主义过渡到共产主义的总体的历史进程中来考虑。

（二）意识流的对象化生产

“意识流”这一概念最早是由威廉·詹姆斯提出来的。詹姆斯认为，人类的思维并不是由分离的、孤立的部分组成，而是一股斩不断的“流”，思维本身是连续不断的。因此准确地说起来，意识的活动就是一种“思想流”“意识流”或“主观生活流”。詹姆斯从实用主义的观点出发，将意识理解为非实体化的功能和活动，意识是一条不断变化的连续的河流。意识具有内在的不可还原的结构，意识是连续的过程，具有原初的统一性。意识作为意识流具有内在的“趋势之觉”和自身活动的“意向”，这些趋势之觉和意向“本身就是‘意识流’的对象，内在于‘意识流’中。在很大程度上，‘意识流’必定由模糊的‘趋势之觉’所构成”。作为意识流的“内在结构”，趋势性知觉与意向活动处于自我意识的边缘域。这种未被主体充分觉察的“边缘性”存在，使意识呈现为动态的流动场域。当脱离认知主体的注意域时，此类结构往往呈现模糊样态，难以进行精确的符号化命名。它们在不同运动着的图像之间形成过渡和联系，使这些图像形成完整的“对象场”而被给予意识。意识流通过“趋势之觉”和意向活动形成“一个意识的整体系列”。对象作为意识流的构造的“对象场”和流域而存在。因此，在詹姆斯看来，意识不是孤立的实体，而是连续的功能和构造活动，是意向性和趋势之觉构成的意识流和意识场域。意识流的对象同样是“对象场”。这些场之间，即意识场和对象场之间没有明确的界限，二者之间的“‘边缘’越来越模糊，以至于根本无法指明其界限。正因为‘边缘’的存在，才能指导我们的意识活动”，边缘“决定着连续不断的‘意识流’指向转变的方向”。边缘引领意识流的转变方向和不同场之间的过渡，边缘造成了更大的不确定的、可能性意识的流动场域。边缘超越了意识和对象的二分，使二者共处一个边界模糊的流动场中。这个场是由“趋势之觉”和意向活动构造的连续不断的“流”，是由内在的“边缘”结构主导的。

在精神生产维度，塞罕坝的生态变迁是意识流的对象化结晶，出现了由相互之间有着某种关联的一个个联想中心及其展开的各种思绪组成的、跳跃的内心独白。建设者们将“绿水青山就是金山银山”的抽象理念转化为具体实践时，必须借助语言、图纸、日志等媒介进行意识塑形。早期建设者用冻僵的手指在结霜的玻璃上绘制造林图，将稍纵即逝的构思转化为第三持留的物理符号；当代造林人通过卫星遥感图像重构森林生长模型，将经验直觉升华为数字化的认知图型。这些媒介作为精神义肢，不仅固化了转瞬即逝的意识片段，更创造了可供后人回溯、修正与再创造的意义场域。塞罕坝的棵棵树木正是凝固的意识流，每圈年轮都镌刻着不同时代的精神负熵质。

（三）技术流的媒介化迭代

正如马克思在《资本论》中所描述的，人借助一定的工具使自然物朝着有利于人的需要的方向发生改变，这构成了人类历史所有阶段的劳动的共性内容，“它不以人类生活的任何形式为转移，倒不如说，它为人类生活的一切社会形式所共有”。正因为如此，马克思强调，在考察这一共性内容时“不必来叙述一个劳动者与其他劳动者的关系。一边是人及其劳动，另一边是自然及其物质，这就够了”；反之，如果要揭示人与自然的关系的历史性特质，则必须将其置于由特定的生产关系所形塑的社会基础上展开分析。

媒介技术的迭代进一步构序着塞罕坝的精神生产方式。从早期的口耳相传到如今的数字档案，从实体纪念馆到虚拟现实体验，不同媒介形式塑造着不同的意识流组织方式。当参观者通过 VR 设备“重走”造林老路，数字界面将历史事件转化为可交互的符号系统，曾经线性流逝的时间被压缩为空间化的认知图谱。这种媒介域的变迁印证了麦克卢汉“媒介即讯息”的论断，20 世纪 60 年代的黑板报塑造了集体主义的叙事逻辑，21 世纪的短视频平台则催生了个体化的情感共鸣。媒介不仅是精神生产的工具，更是定义“如何生产”的深层规则。特别是在海德格尔的上手性理论框架下，塞罕坝的精神生产呈现为意蕴的动态生成过程。当新一代建设者抚摸前辈留下的工具时，铁锈的触感与老照片的视觉符号共同激活历史记忆，使“艰苦创业”的抽象概念具象化为可感知的生存体验。这种上手状态超越了主客二分的认知模式——造林人的脚步与林间小道的契合、监测设备的电子脉冲与树木生长的生物节律的共振，共同构成了此在与世界的原初关联。

三、一种精神生产的递升跃迁

媒介绝非孤立的、静态的物质，而是处于交往实践中的物质。媒介研究的起点不是媒介本身，而是人与人的交往关系。当一定的媒介形式成为一定社会历史时期主导性的意识外壳之时，当某种媒介意识内容成为每个人不得不面临的精神境况之时，那便会形成一种先于个体存在的媒介结构筑模。精神生产劳动的过程通过符号对自身意识进行一种物相化并构序一种精神负熵质，但是符号的存在需要一种物质性外壳被感知，符号的存在离不开特定的媒材介质，因此媒介是符号的躯体。

（一）物质与精神的双向运动

没有媒介，人的交往缺乏载体；没有交往，物质也不成其为媒介。媒介一旦成为媒介，就意味着在媒介原有的自然属性基础上又具备了交往属性，或者说正是具备了交往属性之后媒介才得以成为媒介。正如戴维·佩珀所指出的，问题的关键在于“自然的用处和观念随着生产方式的改变而改变”，既然如此，“应该责备的不仅仅是个性‘贪婪’的垄断者或消费者，而且是这种生产方式本身：处在生产力金字塔之上的构成资本主义的生产关系”。塞罕坝百万亩林海的诞生，本质上是符号性的物质劳动与精神生产的双向运动。当三代造林人在荒原上栽种下第一棵落叶松时，铁锹翻起的不仅是黄沙，更是对“人定胜天”传统认知的破土。这种物质生产实践本身已内含精神塑形的先验图式——每一道树坑的排列都是对自然规律的认知重构，每一次护林巡查的足迹都在丈量生态伦理的精神疆域。马克思所言的“精神交往的枢纽”，在塞罕坝表现为树木年轮与工作日志的双重书写，前者以碳基记忆存储着半个世纪的光合作用，后者以文字符号定格集体记忆的意识流，共同构成斯蒂格勒所谓的“第三持存”装置。

在此，马克思尽管还没有从唯物史观的视角阐发精神生产，但已经认识到它同物质生产一样，都受到劳动时间这一生产规律的支配。《德意志意识形态》正式将精神生产的物质基础揭示出来。在马克思、恩格斯看来，人们的思想观念都是物质活动的产物，与人的物质交往密切相关，尤其是与现实生活的语言紧紧相连。“观念、思维、人们的精神交往在这里还是人们物质关系的直接产物。表现在某一民族的政治、法律、道德、宗教、形而上学等的语言中的精神生产也是这样。”这无疑表明两点：一是精神生产的基础乃是物质生产实践，凡是思想观念的东西都是人们物质生活的反映；二是特定民族的精神生产是其心理状态和生产关系的写照，进一步突出精神生产的民族特征和意识形态属性。“一个阶级是社会上占统治地位的物质力量，同时也是社会上占统治地位的精神力量。”这样，精神生产就在马克思那里得到清晰把握，即它是人们在物质生产的基础上进行的观念形态的生产实践活动。

将成活率不足 8% 的技术困境转化为“绿色长城”的诗意想象，纪录片镜头将造林人的皲裂双手抽象为“生态英雄”的集体肖像。这种媒介化过程实质是德勒兹“时间 - 事件流”的重构，通过蒙太奇剪辑，将持续 18300 天的造林史压缩为 90 秒的影像叙事，观众在接收这些记忆片段时，不自觉地将自身意识流嵌入媒介设定的时间秩序。正如短视频时代的认知降维，塞罕坝的媒介呈现也在重塑公众的生态认知——将复杂的林业科学简化为“种树治沙”的直观意象，这种认知的扁平化恰恰实现了精神生产的效率革命。

（二）精神生产的祛序与构序

在马克思的哲学语境之中，生产不仅仅是一种经济活动，生产的内在语义不断流变、生成，在生产之中发生的是世界万物在劳动者的心力流涌中不断地祛序与构序，最终生产者与世界发生一种全新的存在重组。塞罕坝的媒介传播本质是社会关系的物相显现。当“牢记使命、艰苦创业”的标语出现在中小学课本，当“塞罕坝精神”成为百度百科的高频词条，这些媒介实践正在编织复杂的社会关系网络。微博话题“# 我在塞罕坝有棵树 #”有 2.3 亿次的阅读量，本质是千万网民将个体意识投射到媒介客体的集体行为，就像古人在宗庙碑刻上寻找身份认同一样。在这种投射过程中，媒介完成了对社会意识的“脱型 / 塑形”，它过滤了真实存在的资金短缺、技术瓶颈，只保留“绿色奇迹”的纯净叙事，如同电影银幕过滤掉胶片噪点，只呈现清晰的意识形态光谱。

随着塞罕坝被纳入党员教育基地、成为 VR 全景体验项目，它逐渐演变为斯蒂格勒所言的“先验精神架构”。新时代人群在接触“塞罕坝”概念时，已然置身于媒介构筑的认知先验之中——生态文明不再是需要论证的价值命题，而是作为既定的认知框架存在。这种先验性的形成，正是媒介物化的典型表现，人们不再追问森林背后的政策支撑与经济成本，而是将其视为自然天成的道德图腾，如同古希腊人将神庙视为神圣自在之物一样。此时的塞罕坝已超越地理空间，成为算法推荐中的标准答案、会议发言中的万能案例，其媒介存在形式甚至比物理存在更具现实影响力。此外，塞罕坝的精神生产还呈现出液态现代性特征。抖音上的“云植树”小程序让用户在虚拟空间获得造林体验，人工智能将 42 万亩林海数据转化为认知图谱，这些新型媒介实践正在创造马克思未能预见的精神交往形式。当“00 后”通过弹幕发送“向造林人致敬”，当区块链技术为每棵树赋予数字身份，精神生产的主体已从单一生产者扩展为媒介生态中的所有参与者。这种群体性的精神再生产，使塞罕坝成为不断生成新意义的意识场域——它既承载着历史的重量，又向未来的阐释敞开，如同流动的意识之河永不干涸。

第二节　塞罕坝生态文明叙事中环境媒介化的三重进路

环境媒介作为媒介研究的一个新兴分支，开辟了理解媒介、环境和人类存在之间关系的新视角，逐步揭示出自然与人类社会之间更为深刻且多维度的联系。追溯这一观点，其并非一蹴而就，而是随着媒介理论的历时发展而渐趋形成的。早期媒介环境学派如英尼斯、麦克卢汉等人虽未直接提出“环境即媒介”的概念，但他们的理论均为环境媒介化的思想奠定基础。英尼斯通过考察加拿大经济史中的环境因素，特别是大宗商品贸易如何影响国家历史和国际关系，将自然元素如海狸、鳕鱼等纳入媒介研究的范畴，揭示了自然资源与国家历史、国际关系之间的紧密联系，预示着环境在媒介研究中的重要性。麦克卢汉则聚焦技术形成的自然环境，并提出“媒介即讯息”和“地球村”等观点，强调媒介对社会环境和人类感知的深刻影响，为将环境媒介化提供了理论先声。随着媒介技术的发展，特别是数字技术和互联网的普及，环境媒介化的意涵日益凸显。“环境”不再是不言而喻的客观范畴，而成为复杂的话语和物质实体，拓宽了“环境”作为媒介的边界。在此基础上，约翰·杜海姆·彼得斯于《奇云：媒介即存有》中明确提出“环境即媒介”的观点。他以“中间位置”的视角将自然环境和人造环境均视为人类存在和交流的中介，提出自然物与人造物均构成人类存在和联系的环境媒介，并呼吁关注自然环境中的技术性。这一观点将媒介研究的视角置于存在主义、后人类主义的范围中，极大地扩大了媒介所涵盖的类别概念。

由此，环境媒介不再仅仅是物质空间的简单延伸，而是涵盖了从微观粒子到宏观生态系统的所有层面。“环境”也不再是人的交往及其信息系统的隐喻，而成为一系列进程与对象、存在与事物、模态与物质之间复杂而庞大的动态交互网络，其中包含了物质空间、技术系统、社会结构与人类情感的多元互动。这一背景下，将塞罕坝视为一种媒介化的环境，成为创新性建构关于生态修复、环境治理与人类活动相互交织的叙事密钥。塞罕坝作为生态文明建设的典范，其环境特性不仅限于物质空间，更是具备动态互联特性的媒介化网格，从而使物质性、符号性和社会性得以深刻联结，以此丰富叙事方式和层次，增强故事的感染力和传播力，进而引导公众深入理解塞罕坝生态文明建设的内涵与价值。

一、“有机物”与“人造物”的物质性展现

弗里德里希·基特勒的媒介唯物主义本质上是一种非实存的唯物主义。在从话语网络 1800 到 1900 的断裂，也即在从语音的物质性到铭写的物质性的转向中，基特勒所关注的媒介，始终存在于非实存的意指机制中，并建构

于（后）结构主义对语言的物质性的理解中。在话语网络 1800 中，语音的最小所指与意义、主体直接关联，意指无需媒介居中调解，媒介此时尚未存在；而话语网络 1900 的断裂，先验所指被技术媒介、反形而上学以及心理物理学实验否定，意指必须经过作为能指的媒介，并在能指的滑动中成为无意义的能指游戏。而塞罕坝作为环境媒介在物质性的断裂中出现，又重复显现于不同经验性领域，其中便包括有形的、固实的媒介物。

（一）追溯"物"的生成

塞罕坝的生态叙事始于一场与"无物"的对抗。这片曾被黄沙吞噬的荒原，在半个多世纪的时间里，通过三代人的接力造林，将人造物的介入与有机物的生长编织成一部交织着死亡与重生的物质史诗。在这里，有机物不是纯粹的自然馈赠，人造物也非脱离生态的机械存在，二者的生成过程始终缠绕于物质性的基底之上，展现出海德格尔所言的"物化"力量。

塞罕坝的初始状态是"风吹沙起难见天"的荒漠，地表裸露的沙粒作为一种反物质存在，宣告着自然系统的崩溃。此时的有机物仅剩耐旱的灌木与稀疏杂草，它们的生存策略是收缩生命体征以对抗风沙，物质性表现为一种被动的持存。而人造物在此语境中首先以工具的形态介入，铁锹、树苗、水井，这些人工制品并非独立于自然的存在，而是成为打破荒漠物质僵局的转译者。1962 年首批造林者种下的落叶松幼苗，作为临界物打破了有机物与人造物的二元对立。树苗是自然繁殖的有机体，却经人工选育、移植；铁锹是金属锻造的人造物，却在挖掘树坑时与土壤、地下水发生物质交换。这种交互性生成了新的物质网络，树苗的根系固定沙粒，落叶改良土壤，人工开凿的水渠引导降水，而护林人的木屋则成为监测生态的节点。正如西蒙东所言，技术物的个化过程需要与缔合环境共振，塞罕坝的人造物（林场设施）与有机物（林木群落）在相互形塑中完成了物质性的重构。

在传统叙事中，"人定胜天"的逻辑将人造物视为征服自然的工具，但塞罕坝的实践揭示了物质的逆向能动性。1977 年的"雨凇灾害"中，新造的人工林因树种单一、密度过高，在冻雨中成片倒伏。这场灾难暴露了人造物的非人性一面——机械复制的种植模式违背了树木的生长节律。此后，林场引入混交林技术，将云杉、樟子松与天然次生林结合，使有机物的自然演替规律成为人造物设计的准则。这种转变暗合拉图尔的行动者网络理论，树木、气候、土壤不再是被动的客体，而是与人类平等的行动体。造林人的工作日志中记载着，“某坡向的樟子松需浅栽，因其主根忌积水”，“野兔啃食幼苗的路径决定了防护网的设置密度”。有机物的生长需求迫使人造物不断调整形态，而人造物的改良又为有机物创造了更复杂的生存微环境。二者的互动形成了物质性叙事，而非单向度的人类中心主义书写。

塞罕坝的森林不仅是生态系统，更是文化技艺的载体。那些直径超过半米的落叶松，年轮中刻着1964年马蹄坑大会战的集体记忆——造林人在严寒中肩扛树苗的轨迹，通过树木的生长转化为木质纤维的排列密码。林间的防火瞭望塔、气象观测站，作为物质性媒介，将造林人的经验转化为数据模型，又通过传感器网络传输至现代监测中心。这种物质性传播打破了自然与文化的分野。当游客触摸树桩上的斧痕时，手指的触感连接着半个世纪前伐木工人的手掌温度；当无人机拍摄的森林影像在社交媒体传播时，数字信号与叶绿素的光合作用形成跨维度的共振。许煜提出的“客体间性”在此显现，人造物（影像设备）与有机物（森林）通过数据交换形成新的本体论关系，使生态叙事超越了人类语言的边界，成为物质本身的言说。

塞罕坝的生态实践证明，有机物与人造物的生成是物质性共生的过程。在这里，没有纯粹的自然或人工，只有不同物质形态在能量、信息、物质交换中的持续个化。当我们追溯这种生成时，看到的不是人类对自然的征服，而是物质网络中各行动体通过差异的共振编织的生存史诗。这种叙事为理解现代社会的物质性提供了启示，唯有承认物的能动性，才能在技术介入与生态修复之间找到平衡的支点。

（二）成为“物”的实存

“物”作为媒介物质性研究重要的理论资源，泛指一切涉及“物”与“物质”的媒介构成、媒介要素、媒介过程和媒介实践。我们这里所说的媒介研究物质性转向并不是要回到那种旧的物质主义，而是建立在20世纪90年代末开始的新物质主义基础之上的。弗里德里希·基特勒的媒介思想一度与行动者网络理论、新唯物主义、后人类主义等合流于当下物质转向的学术思潮，媒介被重新发现为物质性的媒介物，区隔于观念的符号形式或者话语，也区隔于虚拟性，成为物的实存。媒介物质性实际上是一个“由物质基础设施、操作和技术组成的网络”复合体，“每一个媒介复合体都在向上和向下扩展知识与技术，同其他复合体链接形成网络，从而使世界变得可以理解”。在物质性层面，塞罕坝的林木、土壤、水源等自然元素本身就是一种媒介，它们记录着生态变迁的历史，也承载着人类对美好环境的向往和追求，并构成了故事叙事的物质基础。这些自然元素不仅具有美学价值，更是生态修复的直接成果，它们通过视觉、听觉等多感官体验，向受众传递了生态恢复的重要性和紧迫性。同时，这些自然元素也成了技术与人类活动的见证者，它们记录了塞罕坝几代人的辛勤付出和不懈努力。

物质主义视角强调环境媒介的物质性及其对社会生态的影响。从昔日的荒漠到如今郁郁葱葱的森林，其中资源的合理开采、能源的有效转化以及废物的科学处理都是塞罕坝媒介化不可忽视的物质性问题。这些物质性问题在塞罕坝的实践中得以彰显，其不仅囊括有机物与人造物之间的清单要素，还体现出这些要素作为能动的参与者之角色。诸如自然元素、人工林、当地居民、科研人员、政策制定者以及游客等多元主体共同参与其中，其通过物质交换、信息交流、情感共鸣等方式在生态系统与人类系统之间的内外折叠中，生成连接成了一个动态平衡的系统。这不仅关乎环境治理的成效，还直接影响了故事的叙事逻辑和受众的认知体验，引发公众对生态文明治理议题的关注和讨论。在这个意义上，其物质性体现为它不仅是自然演替与人类干预共同作用下的产物，更是技术性与生态性深度融合、共生的典范，为生态文明叙事提供了真实的场景和素材。

（三）强调“物”的操演

操演新物质主义则认为本体论和认识论本质上是相互关联和相互构成的，且这种相互关联和相互构成既不要求也不限于人类。新物质主义者认为的物质性超越了传统的物质文化研究，因为它通常包括一些不是由人类活动产生的存在，包括非人类的动物、植物、地质等，物同时指代自然物、人造物、肉身。环境的显现并非简单的符号表征，而是技术性的融入与嵌合。正所谓“技术是揭示实在的一种方式”，塞罕坝的生态蜕变过程本质上是一种超越传统工具理性范畴的技术性展现，即以一种非侵入性、联结性的方式促进生态环境的自我显现与自我修复。这种技术并非简单的机械操作或人类征服自然的工具，而是成为生态系统内部及和其他系统间得以联结与交往的媒介。正如肖恩·库比特所强调的，把交往赋予非人类的自然世界，使得人类与非人类世界通过技术这一勾连性介质汇集串联在一起。诸如政府、企业和当地居民等行动者通过植树造林、智能生态监测系统等措施共同参与了环境治理，使得塞罕坝生态系统的每一元素都内在地具备了交往之功能，其自身的技术性层面亦得以彰显，进而成为连接人与自然、促进生态平衡的桥梁。

此外，在坚持媒介物质性的同时不要忘了关于物的执着，往往经不住“无一物”的质问。在新物质主义视野下，并不存在孤立和僵化的物，物在本质上是各种本体化事件的展演。物质与非物质不是对立的，而是处在相互建构和转化的过程中。在这个意义上，媒介物质性研究真正要做的也许不是还原媒介中的物和物质性，而是觉察“何处惹尘埃”的过程，包括反思研究者自身在其中所扮演的角色。因此，塞罕坝的物质性变化本身就是一种强有力的信息传递，在讲述生态文明故事时，须以真实、生动的场景和素材增强故事的感染力和说服力，从而再现还原其生态治理的全面性和复杂性，使受众能够直观地感受到生态治理的成效。

二、连接不同符号话语与实践场域的边界物

作为环境媒介的塞罕坝，其符号性在于它构建了一个独特的环境界，以直观陈展生态文明建设成果。正如雅各布·冯·乌克斯库尔所言，“环境界是生命体感知世界与行为世界交织的功能圈，并由此构建自己的主观世界，以通过符号化过程得以解释和呈现”。塞罕坝，从荒漠化严重的土地转变为郁郁葱葱的森林，这一显著变化成为生命体环境界中意义生成的典范。这一转变不仅改变了土地的物理状态，更在符号层面上构建了生态文明的新意涵，使之成为人们心中绿色发展的象征。尤里·洛特曼也提出，符号域作为所有彼

此关联的环境界的集合，展现了信息、意义和文化的多元现实。通过媒体、教育、文化等多维度渠道的广泛传播，塞罕坝的绿色发展故事构建出一个庞大的符号域，其中每个符号、文本与文化元素都在对话与互动中不断生成新的意义。

（一）作为符号话语的边界物

尽管根据索绪尔的研究，物质实体并不包括在符号的能指之内，但符号的物质性是交际者能够感知符号、理解符号的意义所依赖的物质因素，是符号中唯一可直接感知的因素。塞罕坝作为生态文明建设的标志性符号，其背后是无数人的辛勤付出和共同努力，这些故事在生产、维系、修正和转变的过程中不断被诠释和再诠释，形成了丰富多元的意义网络。这些意义在符号域内的互动使其超越本身的地理范畴，激发了不同环境界中个体与群体的广泛共鸣，进而凝聚成一种普遍的精神动力，成为连接不同话语与实践场域的边界物，以推动国际社会共同参与、协同推进生态文明治理。塞罕坝的生态修复史是一部由边界物编织的符号话语网络。这些边界物既非纯粹的自然有机物，亦非完全的人工制品，而是在物质性与符号性的张力中生长出的跨维度的意义生产能力。它们如同拉图尔所言的“转译者”，在自然、技术、历史、记忆的多重话语间搭建桥梁，使荒原到林海的变迁成为可被感知、诠释与传播的符号事件。

塞罕坝的第一代落叶松幼苗是典型的边界物。作为自然生命体，树苗的根系、年轮、光合作用遵循生物规律，承载着生长的本源符号意义；而作为人工选育的品种，它们的种植密度、排列方式、养护技术被编码为人类干预自然的技术符号。这种双重属性使树苗成为“物质－符号”的折叠体，当造林者将树苗植入沙地时，铁锹的痕迹与根系的延展共同书写着生存的语法。前者是人类劳动的能指，后者是自然适应的所指，二者在沙土中交织成抗争的隐喻。在符号学层面，树苗超越了索绪尔的任意性原则。其形态（挺直的树干、针状叶片）与功能（固沙、供氧）构成索引符号，直接指向生态修复的目标；而“树苗”这一语言符号则是象征符号，在官方叙事中被抽象为“绿色长城”的能指。这种多层符号的叠加，使树苗成为连接生物符号学（根系的生长逻辑）与社会符号学（造林政策的话语实践）的枢纽。

林区中的防火瞭望塔是另一类边界物。作为混凝土与金属构成的人造物，它的物理高度（通常20—30米）使其成为空间权力的符号，即造林人通过塔顶的望远镜将森林转化为可量化的监测对象（树龄、密度、病虫害），数字技术将自然状态编码为数据符号。同时，瞭望塔的建筑形态（圆柱形塔身、红白相间的警示色）在游客眼中成为生态叙事的视觉隐喻，与“绿色卫士”的媒体话语形成互文。瞭望塔的符号双重性体现为“在场”与“缺席”的辩证，它的物质存在（砖石、楼梯、仪器）是实在的技术装置，而它的符号功能（监测、警示、纪念）则指向不在场的生态危机（火灾、荒漠化）。这种缺席的在场，使其成为连接日常护林实践与宏观生态话语的皮尔斯式“指示符”，即塔顶的风向标不仅指示风向，更指示着人类与自然的权力关系演变。1964年马蹄坑大会战遗址上的树碑，是边界物的第三种形态。碑体由当地花岗岩凿成，碑文“牢记使命、艰苦创业、绿色发展”是官方话语的能指；而嵌入碑身的落叶松年轮切片，则是历史记忆的物质载体。年轮的疏密（1964年的稀疏年轮记录着干旱）与碑文的工整字体形成符号学的复调，前者是自然书写的“密码文本”，后者是人类书写的“明文规则”，二者在石碑上达成意义的和解。树碑的边界性在于它打破了“自然符号”与“文化符号”的分野。当游客触摸碑面上的树纹时，触觉的物质性（粗糙的石面、凹陷的年轮）与视觉的符号性（红色碑文、党徽浮雕）共同激活多重阐释，生物符号学（年轮的生长节律）、技术符号学（石碑的雕刻工艺）、政治符号学（生态文明的国家叙事）在此交织。这种多模态的符号聚合，使树碑成为福柯所言的“异托邦”，即一个浓缩多重时空话语的场所。

至此，塞罕坝的边界物揭示了生态叙事的本质，它是不同符号话语通过物质实体进行的意义缝合。从树苗到数据，边界物始终在物的实在性与符号的任意性之间摆动，既保持着对自然规律的索引，又承载着人类的意义投射。这种摆动构成了生态符号学的张力场域——当我们在树影斑驳的林间小路上行走时，脚下的落叶既是有机物的分解产物，也是人与自然和谐共生的隐喻符号，而边界物的存在，正是为了让这种双重性成为可能。

（二）作为实践场域的边界物

空间性是一种物质性的“社会–技术–空间”关系的联结，它是技术存在、人与空间/地方之间偶然的、总是不完整地结合所产生的效应。新物质主义动摇了西方哲学自笛卡尔以来的生命/物质、人类/动物、意志/决定、有机/无机的二元论结构，挑战了将物质视为统一的惰性实体的既有观念，对物质的能动性、过程性和自我组织能力进行了新的描述。尽管被涵盖在新物质主义之下的各种理念之间存在分歧，但都可以被描述为后人文主义和后人类中心主义的，它们将人类从社会调查的中心关注点转移出来。本书借用本内特的概念，她以“活力之物”在本体论上重新定位物质，将物质设想为活泼的、能动的，从而将注意力从人类对物质的体验转移到物质本身，并提出一种跨越人类与非人类的生机物质性理论，认为能动性总是作为人类与非人类力量的临时配置的结果出现的。

故而，塞罕坝的生态实践本质上是多重场域的交织共生，而边界物正是这些场域得以连接、对话与转化的枢纽。它们既非单纯的物质实体，亦非抽象的符号概念，而是实践关系的具身化载体，在自然演化、技术干预、社会协作与历史记忆的交叠中，编织出动态的意义网络。塞罕坝不再是一个单一的、静态的存在，而是完成了从“零度自然”到“一度自然”再到“二度自然”乃至“三度自然”的复杂演变。具体而言，塞罕坝从未开化的自然即原始沙地起步，经造林工程成为生机盎然的绿色屏障，呈现出从“零度自然”向“一度自然”的转变。迈入“二度自然”即人化自然的范畴，自然实现了从形象到实体的转向。作为自然本体的塞罕坝，其生态功能得到修复，形成了人工林与自然林交织的自然形象。信息化时代的到来使得塞罕坝故事得以广泛传播并步入“三度自然”，其形象超越实体形态，成为一种具有普遍生态文明意义的文化符号和精神图腾。这一过程不仅映射了库尔对于自然分层的深刻洞察，也生动诠释了人与自然互动中符号化与自然化的交织，加深了人们对这片土地的认知和情感联系，也促进了生态文明理念的普及和深化。

总之，塞罕坝这一特定的环境媒介，已经远远超越了其地理空间的限制，成为生态文明建设的鲜明象征，承载着人们对美好生活的向往与追求。这一转变过程，深刻体现了塔尔图－莫斯科学派的环境界与符号域理论的核心要义，即环境不仅是物质空间的存在，更是意义生成与传播的场域。

三、人类与生态体系及社会经济体系之间关系的代理物

媒介并不仅仅是各种信息终端，同时也是各种代理物，代表着各种秩序。这些媒介传送的讯息既体现我们人类的各种行为，也体现人类与生态体系以及经济体系之间的关系，媒介物中介了人与物、物与物以及人与人之间的信息传递与沟通交往，打造出日常生活的物质性联盟。这一联盟易形成媒介化社会中特定科技、文化、商业与意识形态的垄断，将人订造、促逼且物化，从而产生新的人与技术的冲突与较量。

（一）代理物的对象化投射

空间是人类生命运动的基本方式。人类生命的存续以及各种生命活动都以一定的空间条件为基础。在马克思看来，人首先是自然存在物，人的身体占有空间，呈现出的是有生命的自然力。马克思在把握人化自然空间时坚持一种彻底的自然主义或彻底的人道主义立场。他强调，人直接地和能动地是一个自然存在物，人自身存在必须占有和依赖一定的自然空间。马克思从“自在自然空间”和“人化自然空间”两个维度对自然空间进行了深刻阐释。

在马克思主义看来，人与自然的价值关系是以实践为基础的。实践首先使自然界人化。自然界的人化就是人的本质力量的自然对象化过程。以一种物质的力量作用于自然、改造自然界，这一过程就是人类通过实践创造对象世界、占有自然界的过程，其结果则产生了获得人的本质的自然界。这种获得了人的主观性、人的本质的自然界，就是所谓的“人化自然”。从外延上来说，就是纳入人类社会活动、纳入人的文化或文明之中的自然界，这种自然当然包括人自身的自然。它充分表明了人的主观性的超越性本质。于是，自然界本身则成为表现和确证人的本质力量所不可或缺的重要对象。“在实践上，人的普遍性正表现在把整个自然界——首先作为人的直接的生活资料，其次作为人的生命活动的材料、对象和工具——变成人的无机的身体。”实践

不仅是自然界人化、人的本质力量对象化的过程，同时也是人的自然化过程。马克思主义认为，自然的人化和人的自然化是人类实践中人与自然相互作用的两个过程，它们在实践中的统一就是社会历史。

如若把现实的社会建构建立在人的意义与行动的基础上，不难发现，媒介的物质性已经深深干预到人与社会的关系、社会知识的生产过程当中。因此，有必要对“现实是如何被建构出来的”问题进行重新思考，关键是要把媒介物质性纳入研究范畴。物质生产实践为媒介的存在提供了必要的物质基础，人类社会的存在与发展均依赖于物质生产的基础。马克思曾指出，个人不是单个人的抽象物，而是社会关系的总和。从整个社会来看，社会关系就是实践的内在结构，表现在经济、政治和文化等方面，并以经济制度、政治制度和意识形态等方式呈现出来。

这一语境中，“自然的人化”与“人的自然化”是实践基础上人与自然关系的双重维度。塞罕坝作为代理物，既承载着人类本质力量的对象化投射，又反身形塑着人类的实践方式，在生态修复与经济发展的交织中成为连接自然生态系统与社会经济系统的基础性张力点。塞罕坝的变迁史始于自然的人化的双重实践。清初皇家猎苑的定位使其成为权力意志的空间符号，树木砍伐与垦殖活动将自然物转化为政治经济资源；20 世纪中叶的荒漠化则是过度开发导致的人化自然异化，即当森林被剥离为木材、土地被简化为耕地，自然的自在性被消解为纯粹的使用价值。这种对象化实践遵循人化自然的逻辑，通过植树造林工程，机械、技术与劳动力被注入荒原，卫星遥感监测、无人机巡检等媒介物将生态数据转化为治理符号，使森林覆盖率从 11.4% 提升至 80% 以上，实质是人类通过物质生产实践重构自然的空间叙事。塞罕坝由此成为人化自然的典型样本，其中的每一棵树都铭刻着人类改造自然的技术脚本与生态意志。

塞罕坝的生态修复过程同时是人的自然化的逆向运动。当人工林遭遇病虫害侵袭、单一树种引发生态脆弱性时，自然规律以“在手”的方式显现其物质性——人类不得不放弃征服自然的线性思维，转而遵循林业科学规律，引入混交林模式、模拟自然演替过程。这种转变体现了媒介物的转译作用，气象传感器、土壤检测仪等技术物将自然信号转化为可读数据，迫使人类在实践中调整行动框架。例如，林场工人通过物联网终端实时监测树木生长状态，其劳动从体力输出转向数据解读，身体实践被纳入生态系统的动态节律。塞罕坝作为“人－技－自然”的共生体，使人类在适应自然规律的过程中，实现了从改造者到协作者的身份重构。

塞罕坝的特殊性在于其作为多重代理物的叠加性。作为生态代理物，森林碳汇、水源涵养等生态服务价值通过核算体系转化为经济符号，推动生态产品价值实现机制的建立；作为经济代理物，森林旅游、苗木产业等业态将生态资本转化为现实收益，2022年旅游收入突破6亿元的数字背后，是“绿水青山就是金山银山”的转译实践。这种转译过程充满张力，当生态保护需要限制开发时，政策法规与市场需求通过媒介物（如生态补偿协议、碳交易平台）展开博弈；当经济发展要求资源利用时，技术标准与生态阈值通过监测设备（如环境传感器）进行平衡。塞罕坝由此成为一个动态的“行动者网络”，树木、土壤、政策、资本、技术在其中相互铭写，形成既依赖人类干预又制约人类行为的辩证关系。在塞罕坝的案例中，自然的人化与人的自然化并非前后相继的阶段，而是同一实践过程的两面。森林作为代理物，既承载着人类改造自然的历史痕迹，又以其物质性反制着人类的过度干预；既作为经济资源被纳入社会系统，又作为生态系统重构着人类的认知边界。这种辩证张力使塞罕坝超越了简单的人与自然二元对立，成为理解社会－生态系统复杂性的微观模型——在这里，代理物的中介化过程既是人类实践的延伸，也是自然规律的显现，最终在物质性与社会性的交织中，书写着人与自然和谐共生的当代叙事。

（二）代理物的内在性意涵

近年来，随着物质性转向的兴起，传播学研究开始关注媒介物质性的双重社会属性。对于媒介物质性来说，实践的社会结构既是外在的又是内在的。说它是外在的，指的是实践的社会结构以外在的强制性制约着媒介物质性，因而媒介物质性具有很强的历史性、社会性；说它是内在的，指的是媒介物质性本身就是由实践的社会结构决定的，社会的实践状况决定了物质媒介性。某个实践的社会结构是在过去实践活动基础上形成的，又是后来实践活动的前提，如此往复，实践的社会结构不断向前发展。这种双向互动关系在环境媒介的研究中尤为显著。当我们将空气、水、土壤等自然元素视为物质集合型媒介时，它们不仅是信息传递的直接载体，更涵摄出深层次的社会属性，即作为人类与生态体系及经济体系之间关系的代理物。

从破坏到修复、从索取到回馈，环境作为社会性代理物，在讲好塞罕坝生态文明故事中发挥多重作用。环境不仅是树木生长的土地，更承载着人类对于生态修复的渴望与行动，是人类与自然和谐共生理念的传播介质。一方面，环境媒介见证了人类与自然从对抗到合作的转变，治理初期，过度开发导致的荒漠化成为环境媒介的警示文本，以物质性的衰败迫使人类反思行为后果；后期通过植树造林的实践，环境媒介以植被覆盖率、水质改善等物质指标重构了人与自然的关系，证明生态修复的可能性。另一方面，环境媒介在叙事中扮演了经济与社会效益的平衡者角色，树木作为物质媒介的转化（从自然物到商品、从生态资源到旅游资本），催生出木材加工、生态旅游等绿色产业链，使环境从经济发展的牺牲品转变为可持续发展的驱动器。这种物质性实践既受制于特定历史阶段的社会结构（如政策导向、经济模式），又通过改变资源分配方式反塑了新的社会关系网络。总之，在社会结构、经济活动与自然生态相互交织而成的复杂场域中，环境承载着丰富的社会意义，影响着人类行为模式、经济决策及生态平衡的维持。

第三节 塞罕坝生态空间叙事的合理性存在

空间作为一个人类存在的基本范畴而备受瞩目。马克思以唯物史观为方法论原则，不仅完成了对空间的质料实体及其外观的深刻揭示，还深入社会生产方式内部透视了空间与人类活动的深刻关联。因循这一基本思路和操作程式，塞罕坝的生态实践全面呈现了作为活动要素、聚合关系和发展可能的空间范畴。而其中，环境媒介化不仅深刻改变了受众感知与理解世界的方式，还悄然引发了空间认知的根本性变革。从古希腊至近代，人类对空间本质的探索经历了物理空间（牛顿）、相对空间（莱布尼茨）与纯直观空间（康德）

等多元理论范式。马克思基于唯物史观方法论，通过对空间范畴社会历史本质的深刻揭示，构建了科学的空间批判思想体系。“作为一个概念和物理的事实，空间这一术语还没有普遍公认的唯一的定义，这表明了其复杂性。人们逐渐认识到，空间不是一个非物质性的观念，而是种种文化现象、政治现象和心理现象的化身，所以，空间的多义性已经成了一个问题。”

纵然如此，马克思视域中的空间并非神秘之地，也非莫测之所。以唯物史观为方法论原则，马克思始终在现实个人及其活动中探讨空间的相关问题，以此消解了空间的神圣性（或破除了空间的神圣形象）。马克思对于空间的讨论是在一种复调式语境中展开的。而学界曾长期存在对马克思空间理论的误读，甚至出现“空间空场”“空间失语”等论断。这种认知偏差源于四个维度：其一，空间的日常属性导致其被“常识化”遮蔽；其二，马克思未以专著形式系统阐述空间理论；其三，部分学者受海德格尔时间优先论影响；其四，对“用时间消灭空间”命题的片面解读。至此，聚焦塞罕坝空间正义“何以产生”“何以突围”“何以实现”三大核心议题颇为重要，以此建构起“空间批判—空间革命—空间重构”的空间正义新范式。

一、一种生态空间革命

空间革命是马克思、恩格斯空间正义思想的逻辑行进和核心要义。所谓“空间革命”，是指自然与人类社会摆脱资本主义生产关系束缚的现实解放运动。在空间革命这一问题上，西方空间学说长期存在“马克思主义暴力革命不合时宜”的理论非难。其中心思想是，当今资本主义生产关系正面临重大转向，异化的主体由劳资双方转向妇女、学生、少数民族等边缘化人群，斗争的焦点由生产空间工资与利润的激烈对抗转向城市空间居住、安宁、生活、消费等权利的和平争夺。而列斐伏尔的“差异性日常生活空间”、德塞图的“大众沉默抵抗的生活诗学”以及哈维的“时空压缩”，都试图在不动摇资本主义生产方式的前提下，从城市以及权利的接缝处，以“人与资本”的城市和平对话或“贫富住区混合”的空间改良运动，建立一种区别于马克思主义暴力革命学说的空间新解放政治。马克思、恩格斯看穿了“与资本对话”的现实虚幻，提出了生产力革命、伦理革命、暴力革命的无产阶级空间解放方案，解答了空间正义“何以突围”这一根本性问题，架起此岸世界通往彼岸世界的桥梁。

（一）生产力革命作为基础

历经塞罕坝三代造林人 60 余年的接力改造，不仅完成了从“沙退人退”到“绿进沙退”的生态逆袭，更在实践层面演绎了马克思、恩格斯空间革命理论的当代形态。塞罕坝的生态嬗变，本质上是通过生产力革命重构人与自然的物质变换，通过伦理革命重建空间生产的价值逻辑，通过制度变革突破资本统治的空间桎梏，最终实现生态空间从异化状态向自由状态的革命性跃迁。

生产力革命构成塞罕坝空间解放的物质基础。马克思指出，自然和生态的解放程度“是由工业状况、商业状况、农业状况、交往关系的状况促成的”。只有在生产力高度发展、产品极大丰富的基础上，人类才不会在谋生的重压下大量扑杀万物，也不会在致富欲的驱使下肆意开采自然，更不会在资本逻辑的强制下把工业废弃物排放到河流、大气、山川等人类公共空间。在绿色科技、智慧科技的加持下，自然的本源性与优先性得到确证，生产消费的“加速度”与环境承载的“自然速度”保持平衡，自然复归宁静、和谐、美丽，人类建构生态美好、生态幸福的文明新坐标。

当 20 世纪 60 年代第一代造林人进驻这片荒漠时，面对的是年均 43 毫米的降水量和极端低温，原始森林覆盖率从 80% 骤降至 5.6%，流动沙丘每年以 3—5 米的速度南侵。塞罕坝人首先开展的是一场改天换地的生产力革命，他们自主研发全光育苗法突破高寒地区造林技术瓶颈，创造三锹半植苗法将造林成活率提升，构建起由樟子松、落叶松、云杉组成的混交林生态系统。这种生产力的革命性突破，使森林蓄积量从 24 万立方米增长到 1012 万立方米，碳汇能力达到 1286 万吨 / 年，彻底扭转了人向自然索取的单向度空间生产模式。正如马克思所言，“劳动首先是人和自然之间的过程”，塞罕坝的实践证明，只有通过科技赋能的生产力革命，才能打破资本逻辑对自然空间的掠夺性开发，实现人与自然物质变换的良性循环。

（二）伦理革命重塑价值坐标

伦理革命重塑了塞罕坝空间生产的价值坐标。空间蕴含着伦理关系，因此伦理正义是空间正义不可或缺的一环。所谓“伦理正义”，是指自然空间、城市空间与全球空间恪守基本的价值观，包括和平、尊重、诚实、担当、团结、公正、公民意识等。在马克思看来，只有共产主义才能消除“私有制”“劳者不获”“获者不劳”“利己观念”，才能建构平等性、属人性和多样性的良善空间。中国特色社会主义不断推动伦理正义的实现。第一，推动人与自然和谐共生。新时代以来，中国特色社会主义破除“人定胜天”的支配自然观与“听天顺命”的盲从自然观，树立人与环境相互促进、永续发展的生态幸福观，自然美景、新鲜空气、绿水青山、良好生态成为人的基本公共需求，经济发展、科技进步与资源消耗有机平衡，技术进步中的“杰文斯悖论”得到化解，人类主义、科技主义和自然主义实现有机统一。

在三代造林人的接力传承中，“牢记使命、艰苦创业、绿色发展”的塞罕坝精神，实质是生态伦理与生命伦理的辩证统一。第一代造林人在“先治坡后治窝”的创业中，用爬冰卧雪栽树苗的实践颠覆了“人定胜天”的征服型伦理，确立了“尊重自然、顺应自然”的生态本体论；第二代造林人在由砍树到护树的转型中，通过建立百万亩森林资源档案，将每棵树的生长数据转化为生态价值的计量单元，使“绿水青山就是金山银山”从理念转化为可操作的伦理准则；第三代造林人在“生态＋科技＋文化”的融合发展中，创建全国首个森林碳汇计量监测中心，将生态空间的公共属性嵌入现代经济体系。这种伦理革命的深层逻辑，暗合马克思“自然是人的无机的身体”的哲学论断——当造林人李桂林 32 年记录 4000 余篇巡山日记，当林业工人把结婚纪念日定在造林成功日，这些日常实践正在重构空间生产的价值排序，生态空间不再是资本增殖的工具，而是承载生命意义的精神家园。

（三）制度变革构成路径

制度变革构成塞罕坝空间革命的实践路径。从 1962 年林业部直属塞罕坝机械林场的建立，到 2000 年被确立为国家级自然保护区，再到 2017 年荣获

“地球卫士奖”，塞罕坝的制度演进史本质上是一部空间生产关系的变革史。国有林场制度打破了土地私有制对生态空间的分割，使百万亩荒原得以作为完整生态系统进行规划；生态补偿机制的建立，将森林的生态价值转化为可量化的经济收益，破解了保护与发展的二元对立；集体林权制度改革，则通过“均山、均权、均利”的产权重构，使林区群众从生态破坏者转变为生态守护者。这种制度变革的暴力性，并非表现为阶级对抗的流血冲突，而是通过生产资料所有制的根本变革——将原本被资本分割的碎片化空间收归公共所有——完成了对资本主义空间统治的和平颠覆。这印证了马克思“暴力本身就是一种经济力”的论断，当塞罕坝人用铁锹代替刺刀、用树苗代替子弹，实质上是以另一种形式的暴力（即制度性强制力），实现了空间生产关系的革命性重构。

此外，人与人、物与人、物与物的关系是人的生存空间，就是实践。当实践发生时，人就是在关系中发生和生成的。因此，人与自然在实践生存论中就是内在的统一，就是共在。人通过个体生存体验感受了自由，在实践中获得了对世界的真的认识，这是知识的达成；同时也实现了实践目的和价值，这是善的具备；进而享受了美，这是美的体会。而这些都是人与自然和谐共生的空间结构中内含的方面。人与自然的和谐共生就是美好世界的具象表达。我们在优美的自然环境与和谐的人与自然关系中享受美、体验善、获得真知，这也是实践生存论的具体表现。特别是，在碳中和目标倒逼全球生态治理的当下，塞罕坝的生态空间革命提供了马克思主义空间理论的当代样本。它证明，生产力革命是空间解放的根本动力，伦理革命是空间正义的价值根基，制度变革是空间重构的现实路径。当西方学者还在争论“空间革命是否需要暴力”时，塞罕坝人已经用60余年实践作出回答，真正的空间革命，既需要科技突破的“硬暴力”打破自然对人的束缚，也需要制度变革的“软暴力”打破资本对人的统治，更需要伦理觉醒的“精神暴力”打破异化对人的禁锢。这片由绿色林海书写的革命史诗正在向世界证明，马克思、恩格斯的空间革命理论并未过时，它只是等待着新时代的实践者赋予其新的实践形态。

二、一种生态空间重构

空间重构是马克思、恩格斯空间正义思想的逻辑旨归与实践应答。所谓“空间重构”，是指在美好空间中塑造空间正义。马克思认为，“共产主义是作为否定的否定的肯定，因此，它是人的解放和复原的一个现实的、对下一段历史发展来说是必然的环节”。塞罕坝的荒漠化本质上是资本原始积累与自然掠夺的产物。历史上，清朝末期的过度开垦、殖民侵略者的资源攫取，使塞罕坝从千里松林沦为沙尘源头。马克思指出，资本主义空间生产以交换价值为核心，空间沦为资本积累的载体，导致空间的普遍物化。塞罕坝的生态崩坏正是这一逻辑的缩影，自然空间被简化为资源攫取的场所，其生态价值被资本增殖的需求所遮蔽。

（一）作为本体的空间

空间是正义的本体，建构正义需要在一定的社会空间中完成。在空间重构问题上，西方空间学说存在“共产主义空间前景渺茫”的理论诘难。哈维认为，共产主义构想只有时间本体而没有空间载体，“习惯于迷失在无限开放的浪漫主义之中，在那种方案中，永远不会存在一个封闭（在空间和地方之中）的点”。基于此，哈维提出了以“埃迪利亚”空间乌托邦的“务实构境”替代共产主义时间乌托邦的“虚假梦幻”的空间解决方案。那么共产主义的空间前景是否真的渺茫？实践是最好的回答。中国特色社会主义在平等空间、美好空间、良善空间的建构中塑造生产正义、分配正义与伦理正义，有力验证了共产主义是完成了的自然主义和完成了的人道主义的“真正联合体”，廓清了空间正义“何以实现”这一终极性问题，为正义的生长指明了制度进路。

塞罕坝的生态修复本质上是空间的社会性重构。马克思强调，空间生产内在于人的类本性，是“有意识的生命活动”的具象化。三代塞罕坝人通过造林实践，将自然空间转化为承载集体意志的人化空间，从攻克高寒育苗技术到创新混交林模式，从马蹄坑会战到全域智慧化管护，劳动实践不仅重建了森林的物质形态，更重构了空间的社会关系网络。这一过程超越了资本逻辑下的工具理性，使空间重新成为体验的空间与意义的空间——森林不仅是防风固沙的屏障，更是集体记忆的载体与精神家园的象征。此外，塞罕坝的空间重构暗含对资本扩张逻辑的抵抗。马克思批判资本主义通过“时间消灭空间”实现全球剥削，而塞罕坝则以“空间修复时间”逆转了这一进程，林场的建成阻滞了沙尘南侵，实质是对资本空间化无序扩张的物理拦截。同时，塞罕坝通过发展生态旅游、碳汇交易等绿色经济，探索了空间价值化的新路径——这里的空间生产不再服务于剩余价值攫取，而是指向生态福祉的共享。这种实践印证了马克思的预言，扬弃空间异化需植入“差异化空间”的生产，在资本统治的裂缝中开辟自由发展的可能。

（二）作为正义的空间

人的劳动实践不断将自然空间改造为社会空间，影响了人与自然空间的关系，而塞罕坝正是经由此方成为的正义的空间。作为国有林场，其土地公有制属性从根本上消除了资本对自然资源的垄断性占有。在“生态优先、造福人民”的发展理念下，当地通过造林承包责任制、生态效益补偿机制等制度创新，使林场职工、周边村民、生态志愿者等多元主体成为平等的空间生产者。他们既是生态修复的劳动者，也是生态成果的共享者。这种“公共资源全民所有、开发收益全民共享”的模式，打破了“少数人占有资源、多数人承担代价”的资本逻辑，践行了马克思“从事农业和工业的将是同一些人”的城乡融合理想。

马克思将生态实践添加上辩证法，认为空间生态是人的空间实践的产物。人要把合理的空间生态伦理理念外化到空间生态实践中，批判现存的空间生态形态及其制度，实现空间生态目的和手段的统一。塞罕坝通过三北防护林体系建设、京津冀生态屏障等国家战略，将荒漠治理与区域协调发展相结合，一方面以人工林、湿地、草甸等生态空间替代了原有的单一经济空间，形成“乔—灌—草”立体生态系统；另一方面通过生态旅游线路、碳汇交易平台等设计，构建起“生态涵养区－绿色产业带－城乡融合圈”的复合型空间结构，使生态价值与经济价值在空间布局中实现有机统一，印证了“绿水青山就是金山银山”的空间生产正义。

至此，塞罕坝的空间生产既遵循了马克思“生产资料公有制决定空间正义”的论断，又创造性发展了分配正义的时代内涵，通过土地公有奠定空间主体平等的制度基础，以生态劳动重构“生产—分配”关系，最终在人、自然、社会的物质循环中实现了空间正义的三重解放，从资本异化中解放空间属性（生态价值超越交换价值）、从城乡对立中解放空间结构（生态空间成为城乡融合枢纽）、从单向治理中解放空间主体（多元主体共同参与空间生产）。这种实践突破了“空间是资本容器”的桎梏，印证了马克思“空间是社会关系再生产载体”的判断。当百万亩林海取代了昔日的荒漠，当生态红利普惠于城乡居民，塞罕坝不仅是诗意栖居的物理空间，更是社会主义空间正义的实践样本。故而，唯有将空间生产锚定于人的全面发展与生态正义，才能真正实现“自然向人生成”的历史唯物主义命题。

第四节　塞罕坝生态文明空间叙事的三大转向

空间转向是20世纪后半叶以来社会理论研究中涌现的一道亮丽风景线。西方马克思主义者列斐伏尔、M. 福柯、D. 哈维、N. 史密斯、E.W. 苏贾、D. 马西、M. 卡斯特和F. 詹姆逊等人从不同视角尤其是从批判视角深度揭示了近代以来人类社会空间演进的新特征、新样态和新趋向。具体来说，西方马克思主义空间理论主要围绕着空间的元哲学、政治经济学和文化三个主题展开批判，以期开辟空间的解放政治学的可能路径。

其中，法国哲学家列斐伏尔在《空间的生产》一书中，将空间划分为物质空间、精神空间与社会空间，这一划分揭示了空间作为物理、精神与社会现实的统一体，其复杂而多维的本质。此外，他还深刻阐述了空间的三维属性，即物质性、精神性和社会性，这均为拓展塞罕坝故事的叙事空间提供了理论基础。具体而言，“空间实践”重构出物质空间，是塞罕坝从荒漠化治理到生态恢复的物理过程与具体场所；“空间的再现”则构成了精神空间，是科学家、规划者、媒体及公众对塞罕坝生态变迁的构想与解读，它超越了物理现实的局限，构建了一个充满想象与希望的空间；“再现的空间”则融合了物质与精神，是社会空间的具体体现，它不仅是信息传递与文化交流的平台，更是情感共鸣与共识形成的场域。由此，物质空间、精神空间与社会空间的统一，构成了创新塞罕坝叙事丰富而立体的三维框架，使得这一生态文明奇迹得以在更广阔的语境下被理解与传播。讲好塞罕坝的生态文明故事，不仅是对物质空间变迁的真实记录，更是通过跨媒介叙事策略，将精神空间的深邃与社会空间的广阔紧密相连，实现故事从地域性经验向全球性共识纵横延伸的关键议题，为马克思空间批判理论提供了实证支撑。

一、物质空间：作为感知的物质化外在现实的重构

物质空间作为社会生活的固定符号，是开展空间叙事的常态媒介。而环境作为一个巨大的信息场域，通过其物质形态、生态过程以及人类活动等痕迹，不断塑造着受众的认知、情感与行为。约翰·杜海姆·彼得斯提出了"环境即媒介"的观点，其强调将媒介概念从人造物扩展至包括自然环境在内的广义范畴，认为具有物质性、符号性和社会性的环境作为人与自然、社会互动的中介，深刻影响着个体存在、社会互动及文化形态。这不仅印证了环境被视为一种广义的媒介之可能，也成为生态文明创新叙事的破局所在。

（一）环境媒介化的引触

空间作为一个社会学的核心命题已被广泛研究，而且研究的终极价值都不约而同地指向了社会关系。空间也因成为社会关系的表征而具有了媒介的属性。而媒介研究中最经典的发现莫过于媒介的时空属性。加拿大学者英尼斯根据媒介的时间与空间属性，将媒介分为空间偏向型媒介与时间偏向型媒介，并通过人类社会发展史来证明媒介的时空偏向与社会发展之间的密切联系。可以说，媒介与空间在本质上都与社会关系紧密相连，二者具有相通性。

这一语境下，环境媒介化便引发了空间叙事的转向。空间被环境媒介持续地划割、重组，使其不再仅是地理意义上的界限，而成为信息传递、文化交流和情感共鸣的多维平台。与技术决定论不同，媒介化并不一味以技术为因，探究其后果。媒介化是将具体意识形态、文化观念、道德伦理和历史传承过程在社会生活层面组合，在不断重构中创生整体性意义的元过程。源自

不同社会领域的具体过程循特定时空尺度组合的动态，体现了媒介化的力量。不同过程的发生、展开和彼此关联皆受媒介推动。异质过程之间，生成性的碰撞融通更体现了媒介运作创造沟通的力量。这一空间转向不仅重塑了受众对环境的感知体验，还引发了生态文明叙事方式的变革。

“空间的组织结构不单单产生于社会，同时也能反过来影响各种社会关系。”人类早期的空间概念只是停留在可感可知的物理层面，即实在空间。人们的日常生产生活也囿于实在空间的限制，表现为一种部落文明。在传统叙事模式中，物质空间往往被简化为故事发生的背景或场景，缺乏生命力和感染力。“空间的生产，开端于身体的生产”，在塞罕坝林场的空间实践中，劳动建设者们的身体成了不可或缺的参与者和感知者。劳动者作为空间实践主体的存在是塞罕坝生态文明叙事建构的核心，以其身体力行的方式培育优质壮苗、攻克技术难关、加强森林抚育、严格资源保护，以将荒漠化沙地转变为绿色生态屏障。这一过程中，身体与空间的联结互动使得身体不仅是劳动的工具，更是情感的载体和力比多的投注场域。于此，塞罕坝的劳动者将自己的情感、希望和梦想投注在这片土地上并产生深厚的情感联结，使之成了充满生命力的空间，并赋予塞罕坝叙事以生命价值与社会价值的意义构建，深刻影响了人们的感知方式和思维方式，彰显了人类智慧与劳动对空间的塑造力量。

（二）媒介社会化的嵌合

空间本身也体现着社会关系、技术环境和文化形态的变迁。与媒介化被理解为创生整体性意义的元过程呼应，空间也是立足多重具体过程的总体性概念，为人类创造可理解、易辨识的意义结构和实践方向。空间绝非单纯的中介性的物质容器和框架，无论是生产空间还是生活空间，抑或是精神空间，它们都既受制于物质实践的发展状况，又受制于这些空间本身的物理边界。谈空间一定是在社会关系、社会结构的意义上来说的。“离开社会结构，空间结构就不可能得到理论上的阐述，反之亦然。再者……离开空间结构，社会结构就不可能得到实践，反之亦是如此。”塞罕坝处于森林、草原和沙漠过渡地带，三种生态景观互有进退。从植树造林到生态湖泊的建设，每一棵树、每一片林地的种植，都是对塞罕坝原有荒漠空间的一种替换与重构，它们共同重构出塞罕坝的物质空间基础，以揭示其背后具体化的、社会生产的、经验的空间实践过程。通过一系列围绕空间所进行的生产和再生产活动，塞罕坝的物质空间得以实现从荒漠化沙地向绿色生态屏障的根本性重塑。这一过程，不仅是对人类劳动的物质化外在现实，更是对人类感知、理解和行动方式的全面重构，形塑出作为被感知的物质空间。这不仅让受众透过视觉、触觉等多感官的具身体验，深切感受到生态文明建设的实际成效，也确保了空间的连续性和内聚性，为塞罕坝生态文明叙事提供了坚实基础。

同样，高清影像、VR 等现代技术手段的介入，也赋予塞罕坝物质空间叙事以新的生命力。观众不再仅仅是故事的旁观者，而是能够身临其境地走进这片绿色海洋，感受昔日的荒漠如何被绿意盎然所取代，体验触手可及的林间鸟鸣、微风拂面等景象。这种沉浸式的叙事创新，不仅极大地增强了故事的感染力和说服力，也能激发受众对生态文明建设的直观认识和情感共鸣。至此，以上种种作为塞罕坝这一媒介空间运作系统意义生成的必备要素，其真实性感知、意义生成、行为定向和权力关系都在其卷入实践的运作过程中不断涌现生成。

二、精神空间：作为再现的叠加态精神化呈现的跨越

精神空间作为与人的思想活动直接相关的空间形态，指向的是具有主体性意识的现实的人在社会实践活动中所体现的道德、情感、信仰与价值观等价值形态。在马克思看来，精神生活展现了人超越肉体经验层面的生命的意义，是人之为人的根本确证。空间不仅是物质生产场地，还是承载梦想与荣光的价值之所。只有把空间发展的伦理法则由追求效用、资本的功利主义转向追求自由、解放的人本主义，人类才能在改造自然与社会的对象性活动中收获物质幸福和精神幸福。

（一）作为无数精神性生命体情感、记忆与体验的集合体

精神空间是空间的表象，也是被构想的空间，即被抽象概念化的空间。

精神空间也称为被感觉现象占有的空间，其本质体现在逻辑和形式的抽象层面，拥有独特的精神属性。相较于物质空间，精神空间叙事是一种更深层次的意义表达。现实中的空间被赋予不同的含义，它的概念的再表达也是空间再现的过程。精神空间叙事就是参与到空间建构中的不同个体或者群体，基于自身对空间的感知和理解进行再加工进而表述出来，强调的是体验者如何在这个空间内互动，以及如何使这个空间被理解。

而马克思对“历史活动空间”的理解和阐释更包含着物质空间形态向精神空间形态的升华以及现实空间形态向理想空间形态的发展。其中，精神空间作为无数精神性生命体情感、记忆与体验的集合体，通过对物质空间叠加态的精神化呈现，将无形的精神力量注入有形的自然改造之中，进而递进出人类智慧、情感与梦想交织的结晶。其不仅超越了物理现实的局限，更深刻地升华了空间实践的意义，孕育出“牢记使命、艰苦创业、绿色发展”的塞罕坝精神，成为塞罕坝生态文明叙事中不可或缺的一环。这一精神不仅是对塞罕坝人艰苦卓绝奋斗历程的高度概括，更是对全人类追求生态文明、实现可持续发展的共同愿景的深刻表达，用实际行动诠释了“绿水青山就是金山银山”的理念。为了更好地讲述塞罕坝生态文明故事，需要充分利用精神空间的构想性特点，通过跨媒介叙事和历史记忆的嫁接，将塞罕坝人的奋斗历程中的精神内核传递给更广泛的全球受众，以激发全球范围内对生态文明建设的深刻共鸣，共同编织出人类与自然和谐共生的美好图景。

此外，列斐伏尔认为空间是社会和意识形态的产物，而在多元空间中同样蕴含着不同群体、阶级、身份的多元精神空间的建构。从某种意义上讲，塞罕坝的精神空间叙事就是一般组织的所有要素的特定的、活生生的产物，其所表现的不仅仅是简单的地理空间的变动，也蕴含着生活方式、情感结构、文化观念的变迁。同时，精神空间叙事试图对物质空间叙事一味强调的客观性进行反驳，它相较于物质空间叙事是一种意识层面的叙事行为，使得人民群众在实景中完成对空间的初步认知。由此可见，精神空间的叙事行为并不能完全脱离物质空间提供的实体场景。从哲学层面阐释，马克思主义者强调物质的重要性，认为物质是第一性的，世界是物质的世界，意识不能脱离物质载体而单独存在。塞罕坝的精神空间构建基于人民群众对物质空间的初体验，是从意识层面感受其核心理念，以此勾起受众的感性记忆，让美好的场景再度呈现。

（二）作为对自由时间和发展空间关系的理性省思的产物

通过对自由时间和发展空间关系的理性省思，马克思确认了“创造可以自由支配的时间，也就是创造产生科学、艺术等的时间”。据此，“空间的客观概念必然要通过服务于社会生产生活的物质实践活动及其过程而创设出来……各种独到的生产方式或社会形态，都将体现为一系列独特的与时空相关的概念和活动”。换言之，“空间性是由社会生产的，而且如同社会本身一样，既以各种具有实质性内容的形式（各种具体的空间性）存在，也以个体与群体两者之间的一套关系，即社会生活本身的一种‘具体化’与媒质而存在”。打通人类活动与空间的关联，不仅找到了空间的存在论根基，还为透视空间内蕴的社会关系本质提供了可能。

同样，“空间的再现”引领受众踏入广阔而深邃的精神空间，并通过科学家、规划者、媒体及公众的共同构想与解读，构建出一个既根植于历史又面向未来的乌托邦式想象，这与列斐伏尔所强调的空间“创造”阶段不谋而合。由此，塞罕坝的生态变迁被赋予超越物理现实的丰富色彩，构建出一个既寄托着对过去艰辛治理历程的深刻缅怀，又满载对未来绿色发展无限憧憬的想象空间。在这里，艺术、文化与想象力成为塑造空间形态的强大力量，如科学家们的前瞻规划、规划者们的匠心独运、媒体人的深情讲述以及公众的广泛参与，均为塞罕坝这片原本荒芜的土地赋予了新的生命意义，成为激励世人追求绿色发展、守护自然和谐的精神图腾，并为塞罕坝生态变迁叙事赋予丰富层次。从因林而生到与林共进，塞罕坝成为全人类共有的精神家园与绿色梦想的发源地，成为激励人们追求绿色发展、生态和谐的精神灯塔。

三、社会空间：作为共识的社会化生产关系构式的凝聚

列斐伏尔的空间生产理论认为，空间不是一种自主性结构，而是现代大生产的产物。人类实践与交往活动、社会关系、精神文化生活在一定空间展开和持存的同时，本身又作为空间实践、空间事件、物质存在塑造着空间。

马克思所述及的空间是复杂的多维空间，除了物理空间外，他更多地考察的是社会空间——现实的个人及其活动所倚仗的空间。社会空间，即附着于人化自然的物质空间之上的“再现的空间”，是区别于前两类空间又将它们内蕴于其中的复杂空间形态。这一空间形态编织起不同社会关系的生产和再生产的关系构式，承载着人与人、人与境的复杂关系，为塞罕坝攻坚造林的生态文明故事赋予了超越地域限制的生命力。于此，塞罕坝的生态文明叙事是对社会空间内人与自然、人与人之间新型交往关系的探索与构建。

（一）作为“社会关系空间”的演进

“社会关系空间”的基础是人的生命活动，它存在于人的生命活动过程和结果中。“历史活动空间”是从人的生命活动过程对“社会关系空间”的考察。马克思认为，历史可以从自然史和人类史两个维度考察。自然史是从人的生命活动时间维度对“人化自然空间”的考察，人类史是从人的生命活动时间维度对“社会关系空间”的考察。在资本主义条件下，物质生产和价值增值过程，既会产生作为物质结果的“人化自然空间”，又会产生作为关系结果的“社会关系空间”。资本主义物质生产和价值增值过程是“资本家和工人的关系的本身的再生产和新生产”，“比其物质结果更为重要”。“社会关系空间”是处于一定历史发展阶段的“历史活动空间”，“历史活动空间”是“社会关系空间”形象且生动的展现。“社会关系空间”是“历史活动空间”的静态形式，“历史活动空间”是“社会关系空间”的动态形式，二者是人类实践活动时间与空间辩证法的体现。“社会关系空间”不仅有一个人与自然和人与人相互联接的共时性结果，而且也有一个前后承续的历时性结构。马克思说：“历史的每一阶段……是人和自然以及人与人之间在历史上形成的关系。”“人化自然空间”和社会关系空间具有历史继承性，预先规定了新一代的生产条件又为新一代所改变，每一代人都以前一代人的实践活动所形塑的空间条件为前提，并且在此基础上进行新的空间生产。马克思认为，“以物的依赖性为基础的人的独立性”的历史活动空间是对“以人的依赖性为主”的历史活动空间的超越，而随着人类实践活动的深入发展，它终将被人的自由全面发展的“历史活动空间”所取代。

"空间本身也许是原始赐予的，但空间的组织结构和意义却是社会变化、社会转型和社会经验的产物。"社会空间是表征性空间，也是直观的空间，更是社会关系空间的演进。列斐伏尔在《空间的生产》一书中关于社会空间的论述并没有采用简单的序列性方式展开，他认为空间不仅存在于物质层面和精神层面，也存在于社会层面，但社会空间并不是简单的物质空间与精神空间的叠加，它们之间既存在相似之处又具有本质上的差别。社会空间叙事侧重于强调人的主观意识以及人在空间中的作用。以塞罕坝生态环境治理为案例，其不仅是物质空间面貌的改善，更是精神空间的触动与促生、社会空间的凝聚。从 1962 年第一代建设者用马蹄坑造林法在流动沙丘上种下第一棵落叶松，到 2023 年森林覆盖率从 12% 提升至 80%，这一过程完整呈现了马克思所言的"自然史"与"人类史"的交织。塞罕坝的治理奇迹，本质上是"资本家和工人的关系"在社会主义制度下的创造性转化。与资本主义"空间剥夺"逻辑不同，这里形成了"生态共同体"的新型社会关系。第一代创业者住窝棚、喝雪水，在"人对自然以及个人之间历史地形成的关系"中，形成了以"牢记使命、艰苦创业、绿色发展"为核心的塞罕坝精神。这种精神空间的建构，正是马克思所说的社会关系空间的动态显现，林场实行"资源公有制 + 按劳分配"的制度，将生态保护与职工利益紧密结合，创造了"生态得保护、职工得利益、社会得效益"的多赢格局。据统计，林场职工人均年收入从 1962 年的 40 元增长至 2022 年的 8.6 万元，这种物质利益关系的调整，使社会关系空间获得了可持续的再生产动力。至此，它以一种无声却强烈的方式，向全球受众传达出生态文明治理的迫切性与可能性，深刻影响着物质现实与社会生态，成为人与环境相互作用、相互塑造的生动写照。其间，环境的媒介角色超越了单纯的信息传递，弥合了物质空间、精神空间、社会空间三者之间的裂缝，成为人与自然、社会互动的枢纽。这不仅是对传统叙事方式的一种创新，更是对媒介理论的一种实践。

（二）既具体又抽象的社会空间生成

在马克思的文本中，生存空间、劳动空间、协作空间和工业空间等都是直接论述的重点话题。这些空间就是各自社会关系的表征，生存空间意味着人们最基本生存需要和发展需要的场域和关系，劳动空间意味着劳动者、劳动对象和劳动工具（或中介）三者粘合起来的场所及其活动，协作空间意味着人们在同一空间中从事着同一活动，工业空间意味着机器设备、雇佣劳动和工作流程等在厂房中的排布与运作。也正是在此意义上，每当人们提及不同空间类型的时候，头脑中映射出来的就是一幅人类活动（或互动）的关系场景。在社会领域，空间不再是一个干瘪而抽象的名词，而是一个生产化（或实践性）的关系过程。“空间本身就是一系列活动过程的结果，它不被归结为某个简单的物质程序。”列斐伏尔深刻认识到了空间的社会关系本质，“各种社会关系究竟以何种方式存在？它们是实体性的、自然的，还是形式上的抽象？对空间的研讨可以得到答案，根据这一看法，生产的社会关系只有在具有某种空间性的存在之时，它们才具有某种社会存在；即生产的社会关系将自身投射到某一空间之上，它们在生产空间的同时把自身也投射到某一空间之上，它们在生产空间的同时也将自身镌刻其中。不然，社会关系就将永远处于‘纯粹的’抽象领域当中”。

在塞罕坝的生态文明建设中，生产的物质空间与社会交往空间紧密相连，共同塑造出一个既具体又抽象的社会空间。这种对于有机共同体的追忆和向往，也成为一种普遍的情感结构。在这里，政府、企业、社会组织以及广大民众共同构成了复杂而有序的社会关系网络。这种网络不仅促进了生产关系的再生产，也推动了社会结构的优化升级。面对技术难题、自然挑战，塞罕坝人在这一空间形态内不仅摸索出高寒地区全光育苗技术，还总结出包括客土回填、覆膜保水、幼苗保墒、防寒越冬在内的攻坚造林技术规范。塞罕坝机械林场先后荣获联合国环保最高荣誉“地球卫士奖”、防治荒漠化领域最高荣誉“土地生命奖”，成为全球环境治理的中国榜样。这不仅诠释出不同主体在生态文明建设中的责任与担当、合作与协调，也是社会关系与权力结构的投射，使得塞罕坝的生态文明故事不再局限于地域性经验，而渐趋拥有全球性共识的凝聚力。此外，各国虽在社会制度、自然环境、发展阶段上存在差异，但就生态文明建设这一共同目标得以共情共鸣。以情感化的叙事方式，挖掘林海之美、动物之萌、人性之善等充满温度、充满人情味的融通中外之元素，使其在创造和存在行为中再现塞罕坝可亲、可爱、可信的自然生态现实，并将这一具体的地理区域转变为象征着绿色发展与生态和谐的全球符号，使得不同社会空间维度中的群体共同参与到生态文明建设的全球对话中来。这种社会空间的凝聚，不仅提升了塞罕坝生态文明故事的国际影响力，也为全球生态文明治理贡献了中国智慧和中国方案。

第四章　实践论：塞罕坝精神的生态现代化演绎

生态文明建设不仅是人与自然和谐共生的中国式现代化的鲜明特征，同时对建构清洁美丽世界具有重要贡献，也是建设生态友好型经济、共谋全球生态文明建设的应有之义，是推动全球可持续发展的现实需要，是推动构建人类命运共同体的必由之路。作为世界第二大经济体，中国从现实环境治理和可持续发展的角度推进生态文明建设，提出了生态文明建设新理念，破解了经济发展与环境保护的难题，取得了丰硕的生态文明建设实践成果。同时，中国还积极响应国际社会对全球生态环境保护的呼声，不仅积极参与国际生态文明交流与对话，还向国际社会作出“碳达峰碳中和”的承诺。在人类文明发展进步维度上，中国将生态文明看作是人类文明演进的新形态。

特别是在全球生态治理从“末端治理”向“系统重构”转型的当下，塞罕坝精神以其赓续传承的实践品格、守正创新的方法论自觉，为生态现代化提供了鲜活的中国样本。这既是对“山水林田湖草生命共同体”理念的具象化实践，更是对西方“浅绿”生态改良路径的范式超越，以此通过重构人与自然的价值关系、重塑生态治理的时空维度，为破解全球生态治理的“公地悲剧”提供了实践辩证法。本章以生态治理现代化的时代要求为逻辑起点，以生态现代化的原则遵循为中介环节，以生态现代化的实践路径为价值旨归，揭示中国式生态现代化对人类文明新形态的建构意义。

第一节 生态治理现代化的时代要求

21世纪以来，全球气候变暖、生物多样性丧失、极端天气频发等生态危机正以前所未有的速度重塑人类文明的发展轨迹。生态治理现代化作为超越传统工业化路径、重构人与自然关系的系统性工程，既是应对全球性生态风险的紧迫任务，更是破解现代化进程中生态赤字与发展焦虑双重困局的必然选择。中国作为全球生态文明建设的重要参与者、贡献者、引领者，肩负着筑牢国家生态安全屏障、探索绿色现代化道路的历史使命。这一使命既源于对地球生命共同体的深刻认知，也根植于中国特色社会主义生态文明理论对资本主义现代性困境的批判与超越。当西方工业文明将自然简化为资本增殖的资源仓库时，中国正以"人与自然和谐共生"的东方智慧，重塑发展的价值坐标，推动生态治理从被动应对向主动引领转型。塞罕坝从"沙进人退"到"绿进沙退"的生态奇迹，正是这一时代命题的生动注脚。面对全球气候变化与区域生态退化的叠加挑战，塞罕坝人以"功成不必在我，功成必定有我"的精神境界，将荒原造林的朴素实践升华为生态治理现代化的创新探索。其以"筑牢京津冀生态屏障"为战略基点，不仅回应了全球气候治理中"责任共担"的伦理诉求，更以"林草植被恢复—生态经济协同—区域可持续发展"的递进路径，破解了生态保护与民生改善的对立迷思，为超越"增长至上"的资本主义发展逻辑提供了实践范本。

一、筑牢生态安全屏障的战略基点

习近平强调："我们的任务是全面建设社会主义现代化国家，当然我们建设的现代化必须是具有中国特色、符合中国实际的。"中国式现代化的重要表征与本质要求所涵括的人与自然和谐共生就是基于中国国情作出的正确抉择，而塞罕坝精神建构过程中所筑牢的生态安全屏障则以战略基点的形式彰显了中国式现代化的生态向度，它以建设美丽中国为价值引领，以实现可持续发展为价值追求，以增进民生福祉为价值旨归，为推动生态现代化的纵深发展、实现整体现代化助力。

（一）作为建立生态国家的政策工具

党的二十大报告着重阐述了中国式现代化的五大特征，人与自然和谐共生是其中之一。这是党针对中国经济社会发展和生态环境保护之间的矛盾提出的新使命和新要求。中国式现代化是不同于传统现代性的一种自主发展的新路径，着重强调新时代如何实现中华民族永续发展这一历史性问题。传统现代性路径一直强调“人类”这个概念区别于自然的特殊性，将人类抽离于自然环境的束缚，同时也强调人所组成的“社会”的特殊性。而生态现代化是建立生态国家的政策工具，这一命题在塞罕坝精神的实践论中获得了生动的诠释。聚焦生态文明现代化进程，其现实背景是生态环境问题正在跨越国界，以气候变化导致的极端天气频发、生物多样性的快速丧失以及各类不可逆转的环境污染为代表的生态环境问题，正在对全人类生存与发展形成严峻考验。塞罕坝生态现代化的实践印证，生态环境问题的全球化意味着对生态环境治理体系的构建不能沿袭以区域性污染防治为中心的传统思路，不论是以“命令－控制型”为代表的政府主导环境规制模式，抑或是以“排污权”“交易权”为代表的市场化治理模式，只能实现对局部性环境问题的“修修补补”，而无法从全球生态环境治理的层面实现治理范式的转型，更无法从本质上调和经济增长和生态环境保护之间的张力。

中国式现代化进程中的生态文明现代化探索，通过塞罕坝三代造林人半个多世纪的接续奋斗，不仅重塑了人与自然和谐共生的现代化范式，更以科技创新支撑的生态修复方案，为破解全球生态治理困境提供了中国智慧。这一实践对现代化理论具有重大创新意义，特别是系统探究生态优先与绿色发展耦合路径，超越了西方现代性框架下生态保护与经济增长的二元对立思维，充分阐述了中国式现代化语境下实现社会、经济、生态协同进化的新文明形态，为发展中国家探索自主现代化道路提供了兼具理论价值与实践维度的启示。塞罕坝的荒漠化治理绝非单纯的技术工程，而是社会集体行动与生态理性觉醒的交融，其本质是一场通过精神重构推动物质形态变革的生态革命。当造林人将根系扎进沙地时，他们也在人类文明的基因中植入了新的生存密码——生态修复不仅是自然系统的再造，更是社会认知体系的重构。这一语境下，塞罕坝的奇迹揭示了生态现代化的双重逻辑——既遵循自然规律的科学理性，又彰显社会组织的伦理自觉。三代造林人用半个多世纪的坚守，将“绿水青山就是金山银山”的哲学命题转化为具体实践，这种转化不是简单的政策执行，而是整个社会在生态危机面前的自我救赎。他们面对的不仅是风沙与干旱，更是工业文明遗留的人类例外范式——那种将自然视为征服对象的认知惯性。塞罕坝的每棵树都成为解构这种范式的符号，证明人类完全可以通过集体行动修复断裂的生态纽带。

这种实践深刻体现了生态现代化的自反性特征。当社会通过信息重构行为模式时，塞罕坝的造林日志就是最鲜活的文本。科技工作者研发适地树种，管理者创新营林机制，当地民众重塑生产生活方式，这些多元主体的协同互动，构成了生态理性与经济理性、政府意志与民间智慧的辩证统一。这种统一不是外力强加的制度框架，而是从土地伦理中生发出的文化自觉，是“天人合一”传统在现代语境下的创造性转化。塞罕坝精神对生态国家建设的政策启示在于，它证明了生态现代化不是西方经验的简单移植，而是基于本土实践的理论创新。当政策工具被赋予文化生命的厚度时，就能突破技术治理的局限，形成社会共识的引力场。今天的塞罕坝不仅是生态屏障，更是精神高地，它昭示着生态国家建设的真谛，真正的现代化必然是人与自然双重解放的历史进程。在这种进程中，政策工具不再是冷冰冰的规制手段，而是承载着文明转型的精神容器，是连接过去与未来的绿色桥梁。

（二）作为社会主义本质的必然要求

社会主义生产的目的是满足人民的需求，而不只是利润。尤其是，满足人民的优美生态环境需要成为社会主义现代化建设和社会主义生态文明建设的共同目的。就此而论，社会主义具有亲自然、亲生态的本质，生态文明即人与自然和谐共生的文明，是内嵌于社会主义本质中的社会文明。同时，建设生态文明有助于实现社会主义本质。在此意义上，人与自然的关系始终镌刻着社会关系的烙印，在资本主义的文明框架内，自然不过是可以随意拆解重组的零件库。当私有资本将森林简化为木材、将河流切割为水电单位时，这种异化的生产关系必然导致人与自然的双重异化，劳动者在创造物质财富的同时失去生命本质，自然在提供资源的过程中沦为工具性存在。塞罕坝的奇迹恰在于它超越了这种资本逻辑，在荒漠上书写了人与自然和解的新语言。

在塞罕坝的造林史诗中，我们看到的不是资本增值的疯狂赛跑，而是三代造林人用时间凝结成的绿色丰碑。他们对抗的不仅是风沙，更是现代性进程中深植的“增长至上”迷思。当资本将自然视为可计算、可替代的资源时，塞罕坝人用60余年光阴证明，生态修复需要超越短期利益计算的文明耐心，这种耐心本质上是社会主义集体主义精神的时空投射。每棵树苗的扎根都是对资本主义效率至上的解构，每片林海的蔓延都在重构人与自然的新型契约。恩格斯在《英国工人阶级状况》中揭示的环境恶化，其本质是资本主义生产方式的必然产物。当利润成为唯一驱动力，自然必然沦为任人宰割的羔羊。社会主义生态文明建设的革命性，在于它打破了这种单向度的剥削关系。塞罕坝的实践证明，当社会制度将生态利益纳入根本价值追求，自然就从被征服的对象转变为被呵护的主体。这种制度性转变，使生态文明建设不再是外加的装饰，而是社会主义本质的具象化呈现。

塞罕坝精神重塑了人与自然的认知范式。在资本主义语境下，自然保护往往被简化为环保技术的市场应用，而塞罕坝的造林运动则展现了社会制度对物质变换的调控力量。这里没有碳汇交易的精打细算，有的是“功成必定有我”的历史担当；没有生态殖民的隐性剥削，有的是“前人栽树后人乘凉”的代际正义。当社会主义制度将生态正义纳入社会正义体系，就实现了对资本主义现代性最深刻的超越。

相较于传统西方生态现代化理论，中国式现代化所追求的“人与自然和谐共生”的理念，突破了长久以来人与自然二元对立的态势，摒弃了“人类中心主义”将自然视为工具的观念，克服了“非人类中心”的哲学困境和实践缺陷，更超越了环境协同主义中对经济增长与环境利益共存共生的空中楼阁般的理想叙事。生态现代化作为社会主义本质的必然要求，其深层逻辑在于对文明发展范式的革新。资本主义文明困局昭示着，任何脱离社会制度空谈生态治理的方案都是纸上谈兵。塞罕坝的实践证明，唯有在社会主义制度下，生态文明建设才能摆脱资本逻辑的掣肘，真正实现从“必然王国”向“自由王国”的飞跃。这不是乌托邦的幻想，而是正在发生的现实，当林海取代荒漠，当绿洲重现高原，社会主义生态文明正在书写人类文明的新形态。在这里，发展不再是自然的敌人，而是自然生命的延伸。

（三）作为中国特色社会主义道路的内在规定

习近平强调："把解决突出生态环境问题作为民生优先领域。"中国式现代化在生态领域的本质要求，在于将解决人民对优美生态环境的现实需求、保障基本生态权益作为推进生态现代化的核心宗旨。"建设生态文明，关系人民福祉，关乎民族未来。"这一价值取向超越了资本主义将自然视为资本增殖工具的异化逻辑，转而在社会关系重构中重建人与自然的生命共同体。塞罕坝半个多世纪的生态修复实践，正是这种社会主义生态伦理的具象化表达。三代建设者以“接力造林”的集体行动，将荒漠变为林海，在修复生态系统的同时重塑了人与人、人与社会的关系，使生态治理成为锻造社会共同体意识的实践场域。

这种“环境就是民生，青山就是美丽，蓝天也是幸福”的实践突破了西方环境社会学中环境库兹涅茨曲线的机械决定论。在资本主义生产体系下，环境质量与经济增长的倒 U 形关系实质是资本积累逻辑的产物，其代价是将生态成本转嫁给发展中国家与弱势群体。塞罕坝的“生态优先、绿色发展”模式则创造了新的可能，通过“政府主导 + 市场化运作”的双轨机制，将生态资产转化为可交易的碳汇资源与旅游资本，既保持了生态系统的整体性，又实现了经济价值的可持续增值。这种“生态产业化、产业生态化”的双向耦合，本质上是社会主义生产关系对资本逻辑的超越——当森林碳汇收益反哺生态保护、生态旅游红利普惠当地居民时，资本不再是异化自然的力量，而成为协调社会与生态关系的媒介。

塞罕坝经验的深层启示，在于其展现了社会主义制度在生态治理中的独特优势。与资本主义国家“头痛医头”的碎片化治理不同，中国通过“山水林田湖草”系统治理制度，将生态保护红线、河湖长制等纳入法治化轨道，形成了“党委领导、政府主导、企业主体、社会组织和公众共同参与”的多元共治格局。这种制度设计不仅克服了“公地悲剧”，更将生态治理上升为国家意志与全民行动。在塞罕坝，林场职工的身份从“伐木者”转变为“护林人”，地方政府的考核指标从GDP增速转向森林覆盖率，这种社会角色与治理逻辑的重构，正是社会主义制度将生态理性嵌入社会结构的生动体现。

从环境社会学视角审视，塞罕坝精神的核心是对发展的重新定义。资本主义现代化将发展等同于经济增长，导致有增长无发展的生态危机；中国式现代化则将发展理解为社会与生态系统的协同演进。在塞罕坝，森林蓄积量的增长与居民收入的提升、生物多样性的恢复与社区福祉的改善形成正反馈循环，这种绿色发展不是对经济规律的背离，而是对马克思主义自然辩证法的创造性运用——当生产力的内涵从征服自然的工具理性转向与自然共生的生态理性，生产关系的调整便获得了推动社会进步的根本动力。

这种新型发展范式正在重塑中国特色社会主义的道路内涵。它证明，生态现代化不是经济发展的负担，而是转变发展方式的引擎；不是对西方模式的简单模仿，而是对人类文明形态的革命性探索。塞罕坝的实践昭示世人，只有坚持以人民为中心的发展思想，将生态权益纳入社会公平的范畴，通过制度创新实现生态资本的公共属性，才能真正超越“先污染后治理”的老路，走出一条人与自然和谐共生的现代化新道路。这既是中国对人类文明进步的贡献，更是社会主义道路内在规定性的时代彰显。

二、破解生态与发展矛盾的理论应答

习近平指出：“中国式现代化蕴含的独特世界观、价值观、历史观、文明观、民主观、生态观等及其伟大实践，是对世界现代化理论和实践的重大创新。”生态观是对人与自然关系的认识思维及处理方式的主观反映。中国式现代化是人与自然和谐共生的现代化，是积极推动全球环境协同治理的现代化。而塞罕坝精神正是在此基础上，从实践论的角度对破解生态与发展矛盾的理论应答。

（一）资本主义现代性困境的生态批判

在资本逻辑主导的现代性进程中，人与自然的关系被简化为工具理性支配下的索取与征服，这种异化关系在生态领域集中表现为发展与生态的二元对立。当资本将自然降格为可量化的生产要素与可交易的商品符号时，便埋下了现代性的生态悖论，越是追求效率最大化的经济理性，越会导致整体性的生态危机。这种困境的本质，是资本主义生产方式将个体理性绝对化，使生态治理陷入多人博弈的囚徒困境——每个市场主体在计算私人成本与收益时，必然选择“搭便车”或“公地掠夺”策略，最终导致集体非理性的生态灾难。

中国式现代化蕴含的生态观承载着实现人与自然和谐共生的现代化的使命任务。塞罕坝半个世纪的生态修复实践，为破解这种现代性困境提供了实践论的解答，其本质上是对资本逻辑主导的发展范式的超越。当三代造林人以“接力造林”的方式重构人与自然的关系时，他们实际上在实践中创造了一种新型的生态治理逻辑，即通过将“代际公平”内化为集体行动的伦理基础，将生态效益的长期收益转化为可感知的价值共识，从而打破了资本主义短视的即时收益思维。这种实践智慧表明，生态危机的根源不在于技术手段的落后，而在于价值理性的缺失。当发展被简化为 GDP 的数字游戏，当自然被抽象为资产负债表上的符号，任何技术改进都无法阻止生态系统的整体性崩溃。塞罕坝经验的核心在于构建了生态与社会的协同演化机制。不同于资本主义将自然视为外部变量的思维定式，塞罕坝人将生态修复视为重构社会关系的契机，在共同应对风沙的过程中，政府、企业、社区形成了超越个体理性的命运共同体意识；通过将生态保护纳入地方文化传统，使“绿色责任”从行政命令转化为集体无意识的道德律令。这种演化机制的本质，是将生态治理从利益博弈升维为意义生产或精神生产。当守护绿水青山成为一种文化认同，当破坏生态环境等同于背叛集体记忆，资本逻辑下的机会主义行为便失去了生存土壤。

而资本主义现代性的生态批判，本质上是对“发展主义”意识形态的解构。塞罕坝实践揭示了一个深刻真理：生态危机的根治，必须超越“经济理性至上”的思维桎梏，在存在论层面重建人与自然的共生关系。这要求我们在两个维度实现范式转换，一是在价值论层面，确立生态优先的本体论地位，将生态系统的完整性作为一切发展的前提；二是在方法论层面，构建集体理性的制度框架，通过信息透明化、责任明晰化、伦理内化化的机制设计，使个体利益与集体利益达成动态平衡。唯有如此，才能走出“先污染后治理”的现代化老路，在文明形态的更高层次上实现人与自然的和解。

（二）中国发展道路的实践确证

党的二十届三中全会通过的《中共中央关于进一步全面深化改革、推进中国式现代化的决定》指出，中国式现代化是人与自然和谐共生的现代化。人与自然和谐共生是中国式现代化的本质特征之一，中国式现代化道路具有鲜明的生态特质。中国式现代化道路生态特质的确立是新时代中国特色社会主义不断进行理论创新和实践探索的必然结果，既区别于生态主义主张的“不要发展，要生态”的倒退主义路线，又不同于生态现代化理论主张的“先污染，后治理”的资本主义现代化道路，而是通过“两个结合”的方式提炼总结出中国式现代化道路的哲学基础，即“人与自然和谐共生”。塞罕坝精神便是这一哲学基础在实践中的生动彰显。塞罕坝人以无畏的勇气和坚定的信念，扎根于荒芜之地，开启了艰苦卓绝的造林征程。他们在马克思主义生态思想的指引下，深刻领悟人与自然本应和谐共生的真谛，没有因眼前的艰难而选择以牺牲生态为代价去换取短暂发展，而是秉持着长远的生态眼光，致力于恢复塞罕坝的生态生机。从“回到马克思”的理论溯源视角看，塞罕坝人践行了马克思主义生态整体观，将人、自然与社会视为紧密相连的有机整体，认识到人类的生存与发展离不开自然的滋养，而社会的进步亦需建立在生态平衡的基础之上。他们在实践中展现出对自然的敬畏，如同马克思所强调的，人类是自然的一部分，不能凌驾于自然之上肆意妄为。

马克思指出：“全部社会生活在本质上是实践的。凡是把理论引向神秘主义的神秘东西，都能在人的实践以及对这种实践的理解中得到合理的解决。”塞罕坝精神呼应了中国共产党在生态文明建设思想上的不断传承与创新。塞罕坝的建设者们从老一辈革命家重视生态治理的理念中汲取力量，又在新时代习近平生态文明思想的引领下，将生态优先、绿色发展的理念融入每一次植树造林的行动中。他们以实际行动诠释了马克思主义生态思想在中国大地上的与时俱进，在应对生态危机、推动生态修复的实践中，不断丰富着马克思主义生态思想的内涵，让其在塞罕坝的土地上焕发出新的生机与活力。

中国式生态治理探索出一条兼顾生产发展、生活富裕和生态良好的文明发展道路，构成了一种新型的以系统集成为特征的生态现代化模式。塞罕坝建设者们坚持党的领导，在党组织的引领下，凝聚成一支战无不胜的生态铁军，充分发挥社会主义制度集中力量办大事的优势，攻克了一个又一个生态建设难题；坚持人民至上，为了给子孙后代留下绿水青山，他们不畏艰辛，以人民对美好生态环境的向往为奋斗目标，让生态文明建设成果惠及广大人民；坚持开拓创新，在造林技术、管理模式等方面不断探索，打破传统思维束缚，开创出适合塞罕坝的生态修复与发展模式；坚持自我革命，不断总结经验教训，以更高的标准、更严的要求持续推进生态建设。塞罕坝精神以其深刻的实践内涵，有力地确证了中国发展道路的科学性与先进性，为中国式现代化道路的生态特质提供了坚实的实践支撑，成为马克思主义生态思想在中国实践中绽放光芒的典范，激励更多地区在生态与发展的平衡中不断探索前行。

第二节 生态现代化的原则遵循

生态现代化既非对传统工业化模式的简单修补，亦非以牺牲发展换取生态的消极妥协，而是基于文明演进规律与人类共同福祉的系统性重构。其实践路径的探索必须植根于价值理性与工具理性的统一、历史经验与时代诉求的融合，既要直面资本主义现代性所固有的人与自然割裂、代际利益失衡等结构性矛盾，也要在社会主义制度框架下寻求生态治理的"最大公约数"。塞罕坝的实践表明，中国式生态现代化的原则遵循体现为三重辩证统一：其一，以党的全面领导凝聚生态治理共识，以群众路线激活治理主体动能，构建"上下联动、多元共治"的生态治理共同体；其二，以生态理性矫正发展逻辑，既遵循自然规律修复生态系统，又依托制度优势重构生产空间，实现生态保护与高质量发展的动态平衡；其三，以生命共同体伦理超越短期利益桎梏，在满足当代人生态福祉的同时，为子孙后代留存永续发展的绿色根基。

一、坚持以人民为中心的生态治理共同体构建

在中国，党的领导贯穿“以党建国”“以党治国”的现代国家建构全过程，为生态文明建设提供了坚实的政治保障。尤其是在复杂的职责同构和条块关系结构下，中国共产党及其组织体系能够借助高度整合的资源合力、政策合力和制度合力，将“聚合效应”融入碎片化、多元化的生态环境治理结构，进而形成党领导的、多个部门共同参与的治理共同体，构建起纵向多层次、横向多类型的整体网络。塞罕坝精神的实践，正是这一治理共同体构建的生动体现。塞罕坝从荒漠到林海的转变，是党的领导下人民群众团结奋斗的结果，也是坚持以人民为中心的生态治理共同体构建的典范。在这个过程中，党组织不仅发挥了领导核心作用，更通过拓展整合功能、创设治理框架、提出行动理念、主导运行规则，使生态环境保护成为全社会共同追求的目标。

（一）党作为生态治理的政治核心

党的领导贯穿中国式生态治理现代化的全过程，不但构成了中国样本的基本底色，同时也是制度优势的生动体现。生态文明建设是关系党的使命宗旨的重大政治问题。当前，无论是理论界还是实务界，都深刻意识到党总揽全局、协调各方的领导核心作用，这是中国生态文明建设顺利推进的根本保证，能够充分发挥社会主义的制度优势，释放治理效能。在生态文明建设的伟大征程中，党的全面领导不仅是政治核心，更是战略导向，它引领着全体人民向着人与自然和谐共生的美好未来迈进。

在中国的国家治理场域中，中国共产党掌握着领导权和核心决策权，发挥着战略领导和决策中枢作用。党的十八大以来，中国生态环境治理绩效改善的根本原因在于坚持和加强党的全面领导，充分发挥党的统合与引领功能，建立起一套党领导生态环境治理的体制机制。塞罕坝精神正是党的全面领导

在生态文明建设中的生动体现。在党的领导下，经过几代塞罕坝人的不懈努力，塞罕坝如今已变成郁郁葱葱的林海，成为全球生态治理的典范。塞罕坝精神的精髓，在于它体现了党的全面领导在生态文明建设中的决定性作用，以及坚持以人民为中心的生态治理共同体构建。

一是党的全面领导确保了生态文明建设的正确方向。在生态文明建设的过程中，党始终站在全局和战略的高度，把握方向、制定政策、推动落实。党的十八大以来，以习近平同志为核心的党中央高度重视生态文明建设，提出了一系列新理念、新思想、新战略，形成了习近平生态文明思想，为生态文明建设提供了根本遵循和行动指南。在党的坚强领导下，我国生态文明建设的顶层设计不断完善，战略规划日益清晰，各项政策措施得到有效实施，生态文明建设取得了历史性、转折性、全局性的变化。

二是党的全面领导构建了生态治理的共同体。生态文明建设是一项系统工程，需要政府、企业、社会组织和公众等多方面的共同参与和努力。党的全面领导，为构建生态治理共同体提供了坚实的政治保障。通过党的统一领导，各级党委政府、各部门、各单位形成了上下联动、左右协同的工作格局，共同推进生态文明建设。同时，党还注重发挥人民群众的主体作用，鼓励和支持人民群众积极参与生态环境保护，形成了全社会共同推进生态文明建设的强大合力。在这一过程中，党的全面领导是构建生态治理共同体的关键。塞罕坝的变迁，是党的领导下人民群众艰苦奋斗、团结协作的结果。在塞罕坝的建设过程中，党始终坚持以人民为中心的发展思想，把人民群众的利益放在首位，充分尊重人民群众的主体地位和首创精神。通过党的组织和动员，广大党员干部和人民群众心往一处想、劲往一处使，共同克服了一个又一个困难，创造了一个又一个奇迹。

三是党的全面领导破解了生态与发展矛盾的战略导向。在生态文明建设中，如何处理好生态与发展的关系，是一个重要的课题。党的全面领导，为我们提供了破解这一难题的战略导向。党始终强调，生态文明建设不是孤立的，而是与经济社会发展紧密相连的。在推进生态文明建设的过程中，我们既要注重保护生态环境，又要注重促进经济社会发展，实现生态与发展的双赢。在党的领导下，我们不断探索绿色、低碳、循环的发展模式，推动经济社会发展全面绿色转型，努力实现经济社会可持续发展。

总之，党的全面领导是生态文明建设的政治核心与战略导向。在塞罕坝精神的实践中，我们深刻体会到党的全面领导在生态文明建设中的决定性作用。未来，我们要继续坚持党的全面领导，不断完善生态文明建设的顶层设计和战略规划，构建更加完善的生态治理共同体，破解生态与发展的矛盾，推动经济社会可持续发展，为构建人与自然和谐共生的现代化作出新的更大贡献。

（二）以人民为中心的公共本位

在中国生态文明建设的伟大征程中，塞罕坝精神以其独特的实践论，深刻诠释了以人民为中心的公共本位理念，为生态治理共同体的构建提供了生动的范例。塞罕坝，这片曾经的荒漠之地，在党的领导下，经过几代人的不懈努力，如今已变成郁郁葱葱的林海，成为全球生态治理的璀璨明珠。这一变迁，不仅彰显了人类改造自然的伟大力量，更体现了以人民为中心的公共本位在生态治理中的核心价值。

以人民为中心的公共本位，是生态民主、生态治理的出发点和落脚点。在塞罕坝精神的实践中，人民群众始终是生态文明建设的主体和力量源泉。“生态民主”是一个与政府主导或推行的生态威权或生态专制相对而言的概念。生态民主是民众（公众）通过对话、讨论、审议、协商或采取实际的环境保护、环境治理及生态修复行动，直接或间接地参与生态环境问题的调查、宣传并提出建议，推动、促进政府在生态治理领域的制度、政策的制定及实施，达到保护环境、修复生态的目标，实现人与环境和谐共生、永续发展。换言之，生态民主即公众通过自下而上的途径来解决生态治理、环境保护中存在的问题。塞罕坝的建设者们，无论是党员干部还是普通群众，都秉持着为人民谋福祉的初心，将个人的命运与国家的未来紧密相连，用汗水和智慧书写了生态治理的壮丽篇章。他们通过基层的环境治理实践及生态修复模式，缓解区域生态危机，形成民众与政府间的平等对话及尊重包容，共同采取环保行动，建设生态家园，达到人与自然和谐共生的目的。因此，他们不遗余力地投入植树造林、生态修复的伟大事业中，用实际行动践行了以人民为中心的公共本位理念。

美国学者赫尔曼·格林针对生态学和共同体等概念，提出生态学的核心是“给人类共同体重组、社会正义的实现、人类文化的新生以及生命所依赖的生态和地理系统再生提供了基本语境”。生态共同体实际上是有机生态系统中各个生命体之间相互依存、并生共栖的生存境界，以及在此基础上所形成的物种之间出于本能意志的天然联合体。这种链接是各生命体自愿地遵守自然的规定性而达成的相濡以沫的生存样态，从而建立起人与自然和谐共生的生态家园。至此，塞罕坝精神的实践展示了生态治理共同体构建的内在逻辑。生态治理不是孤立的行动，而是需要政府、企业、社会组织和公众等多方面的共同参与和努力。在塞罕坝的建设过程中，政府发挥了主导作用，提供了政策支持和资金保障；企业积极参与，为生态建设提供了技术和物资支持；社会组织则发挥了桥梁和纽带作用，促进了各方力量的有效整合；而公众则是生态治理的最终受益者和参与者，他们的积极参与和广泛支持为塞罕坝的生态文明建设提供了不竭的动力。这种多元共治的格局，正是生态治理共同体的生动体现。这既是中国生态文明建设进程中的新理念、新视域，也是生态文明建设的新方向，与《中共中央 国务院关于加快推进生态文明建设的意见》确定的汲取人民群众的智慧和力量、发动群众积极参与并发挥其主体作用等主旨相吻合，体现了中国生态民主及法治建设的目标。

以人民为中心的公共本位，在塞罕坝精神的实践中得到了充分的彰显。塞罕坝的党员干部，始终将人民群众的利益放在首位，充分尊重人民群众的主体地位和首创精神。他们深入基层，了解民情，倾听民意，切实解决人民群众在生态建设中的实际困难和问题。同时，他们还积极倡导绿色生活方式，引导人民群众树立生态文明观念，形成全社会共同参与生态文明建设的良好风尚。这种以人民为中心的生态治理理念，不仅增强了人民群众的获得感和幸福感，也为生态治理共同体的构建奠定了坚实的群众基础。值得注意的是，塞罕坝精神的实践并非一蹴而就，而是经历了长期的艰辛探索和不懈努力。在生态建设的过程中，他们遇到了无数的困难和挑战，但凭借着坚定的信念和不懈的努力，他们最终取得了举世瞩目的成就。在这一过程中，以人民为中心的公共本位理念始终贯穿其中，成为他们克服一切困难、战胜一切挑战的精神支柱。

二、坚持生态理性的本体关切与价值旨归

中国在推动现代化的历史进程中，始终秉持人类文明的整体性，兼顾经济理性和生态理性，积极谋划全球生态文明建设之路，致力于生态型社会和生态共同体的构建，彰显出“中国式现代化”的优良制度理性和“美丽中国”的实践智慧及方略。生态理性是一个与经济理性截然相反的概念要求以尽可能少的有使用价值且耐用的物品以及最少的劳动、资本和自然资源，来更好地满足人们的物质需求。简单来说，“生态理性的意义可以概括为一句格言：‘少而好’”。塞罕坝的生态治理实践本质上是一场关于主体性觉醒的存在论革命。

（一）生态理性的主体性遵循

“生态理性”一词最早由法国生态学马克思主义者安德烈·高兹提出。他指出：“与经济学相比，生态学具有不同的理性：它使我们意识到经济活动的效能是有限的，并且依赖于经济的外部条件；它使我们发现，用经济的努力去克服相对的匮乏，在超出一定的界限之后只会导致绝对的、不可克服的匮乏；结果是否定的，生产的破坏性远远超出了其创造性。”可见，高兹眼中的“生态理性”是基于对资本主义经济增长逻辑和“技术法西斯主义”的否定。在高兹看来，资本主义所面临的危机并不在于经济理性本身，而是经济理性超出了自身所应在的范围，导致本该由生态理性支配的范围被经济理性占据。因此，“社会主义工人运动的斗争目标是为经济理性设定边界，加以限制，使之最终服务于人性化的社会需求”。当高兹在《经济理性批判》中揭示资本主义将自然降格为可计算的资本要素时，塞罕坝人以半个多世纪的坚守印证了马克思主义生态理性的实践性真谛，生态治理的主体性并非征服自然的单向度权力，而是在承认自然先在性的前提下，通过制度创新重构人与自然的共生关系。这种主体性遵循既非高兹设想中超越历史的技术乌托邦，亦非单纯顺应自然的消极适应，而是以社会主义制度优势为载体，将“遵循自然规律”

与“发挥人的主观能动性”熔铸为辩证统一的实践理性。

而马克思主义生态理性试图走出生态学意识形态化的窠臼，立足实践对经济理性和技术理性进行批判性反思，体现为一种更为高级的实践理性。塞罕坝的生态实践对经济理性的超越，首先体现为劳动价值的重新锚定。人的生存和发展的前提是“有生命的个人”的存在，而这一前提的前提则是通过劳动实现与其他自然物“复杂而且不断变化的新陈代谢关系”。换言之，实践是人的根本存在方式，构成了包括人类在内的大自然的无穷生物链条中的环节，“人类大多数的生命其实处在一种由病菌的微寄生和大型天敌的巨寄生构成的脆弱的平衡体系之中”，自然的存在是人类生存和发展的最大前提，人类只有通过感性对象化活动关照自然、感受自然，才能实现自我、展现自我。此外，高兹批判资本主义劳动分工导致人的异化，而塞罕坝的造林事业恰恰以劳动的解放性重构为起点，三代造林人将种树从单纯的谋生手段升华为守护生态的存在方式，集体林权制度改革打破了“工资劳动”的雇佣逻辑，使劳动者在“林有人管、责有人担”的制度设计中重获劳动的主体性。这种劳动不是资本主义体系下被分割的碎片化操作，而是融合了生态知识、技术实践与价值信仰的整体性活动。正如塞罕坝造林人所言，“一棵树就是一个生态坐标，一片林就是一部自然史书”，劳动在此成为连接个体生命与生态系统的本体论纽带，印证了马克思“劳动是人的本质力量对象化”的生态哲学命题。

塞罕坝的实践同时解构了消费主义的异化逻辑。当高兹提倡“少而好”的价值观念时，塞罕坝人以生态资产替代物质财富的核算体系，创造了超越经济理性的评价范式。他们拒绝将森林资源转化为短期收益的变现逻辑，转而构建“生态－经济－社会”的复合价值体系，森林的碳汇功能、水土保持效益、生物多样性价值被纳入制度性考量，木材采伐严格遵循“生长量大于采伐量”的生态阈值。这种减量增效的实践智慧，本质上是生态理性对“越多越好”经济理性的主体性超越——不是通过抑制需求实现节俭，而是通过价值重构使“适度”成为自觉的存在选择，正如森林中的每一棵树都在“生长与克制”的平衡中诠释着生命的本质。

在技术选择层面，塞罕坝创造性地践行了高兹“软技术”的生态设想。面对高寒荒漠的自然约束，造林人摒弃了资本主导的“硬技术”扩张（如机械化开荒、化学药剂干预），转而发展本土化、分散化的生态技术体系，从三锹植苗法到适地适树的树种配置，从人工抚育与自然演替结合到森林防火的群防群治，技术的生态化改造使人类干预成为自然演化的协同力量而非支配性权力。这种技术选择的主体性转向，暗含着马克思主义生态理性的深层逻辑，技术的合理性不在于效率最大化，而在于是否能促进人与自然的物质变换正常化，是否能使技术成为修复生态裂痕的社会器官。

塞罕坝的奇迹最终指向制度理性与生态理性的同构性。当高兹将生态社会主义寄托于技术革新时，塞罕坝通过社会主义制度的实践证明，生态理性的主体性实现需要制度载体。林场的公有制属性、长期规划的政策稳定性、“生态优先”的考核机制，使代际公平从理论构想转化为实践准则。这种制度优势不仅是资源集中的效率体现，更是一种生态伦理的制度化表达——它将“人与自然生命共同体”的哲学理念转化为可操作的治理规则，使个体的生态责任获得制度保障，使短期利益与长远利益的平衡获得机制支撑。在塞罕坝的林海中，生态理性的主体性遵循展现为三重境界的统一：在存在论层面，它是人与自然互为主体的共生共在；在认识论层面，它是规律性认知与价值性选择的辩证统一；在实践论层面，它是制度理性与技术理性的协同进化。这种主体性不是抽象的哲学思辨，而是扎根于中国大地的生态治理智慧，它既超越了资本主义经济理性的异化逻辑，又扬弃了浪漫主义自然观的乌托邦色彩，为全球生态治理提供了“主体性觉醒－制度创新－技术生态化”的中国方案。

（二）生态理性的实践价值

生态理性，作为人与自然和谐共生的生态智慧及人类集体性自觉，自 20 世纪中叶起，在西方现代化国家的“绿党运动”中逐渐觉醒。从 50 年代对人类与自然联系的深刻反思，到 60 年代环保团体打着“地球之友”等旗号走上街头的抗议，再到 70 年代环境保护登上各国政府议程、国际环保组织纷纷成立，直至80年代民众踊跃参与环保运动，生态理性价值逐步从隐性走向显性、从边缘迈向中心、从理论走入实践。生态理性是人们基于对自然运动生态阈值，即自然界有限的承载、涵容与自净能力的科学认知，进而自觉实现生态效益的过程，其与片面的经济理性及工具理性行为截然不同。生态理性承认自然界的有机整体性，认可人与自然万物并生共在、和合相依的内在统一性，蕴含着现代生态伦理学中对同等道德关切和平等权利的肯认。习近平强调，中国要秉持尊重自然、顺应自然、保护自然的理念，贯彻节约资源和保护环境的基本国策，为子孙后代留下良好生态环境。这指明了生态理性的指导思想与价值追求。高兹也揭示其基本内涵，即尽可能以少而精、高使用价值和耐用性的物品满足物质需求，以最少的劳动、资本和自然资源达成目标。

作为一种新型价值理性，马克思主义生态理性已经完全超越了高兹存在主义意义上的政治生态学和救赎式的美学自然观，其致力于摆脱工具主义和狭隘功利主义倾向，批判将自然视作可以随意改造和剥夺的无生命客体的片面性做法，主张人类的实践活动要以生态系统的整体利益为衡量尺度，最大限度地保护和改善生态环境，与大自然建立一种和谐有序、共生共荣的关系。在塞罕坝的莽莽林海中，马克思主义生态理性的实践逻辑演绎成一场跨越时空的存在论革命。塞罕坝能从荒原变身"华北绿肺"乃至"地球卫士"，关键就在于超越了工具理性主导的征服逻辑，把生态系统当作自组织的耗散结构。第一代建设者在零下40摄氏度严寒中种下第一棵落叶松时，凭借的不是简单技术规程，而是对坝上气候、土壤、植被的整体性认知，这源于对恩格斯"相互作用是事物终极原因"的深刻领悟，他们将每一株苗木的存活视为自然系统自我修复的有机部分。塞罕坝人深知，樟子松与云杉的混交林并非人工随意拼凑，而是模拟大兴安岭与阴山山脉过渡带的原生植被结构。正因尊重自然演化规律，人工林才最终形成具备自我调节能力的生态系统，这与生态理性中对自然有机整体性的承认不谋而合。建设者们认识到自然各要素相互依存，遵循自然规律开展造林活动，而非以征服和掠夺的方式对待自然。

塞罕坝的实践深刻揭示了生态理性的认识论本质，即合规律性与合目的性的辩证统一。机械林场时期，大规模引种华北落叶松因违背坝上风速、积温条件而失败，这促使建设者转向适地适树科学原则，依据不同海拔、坡向等条件种植适宜树种。这一实践智慧印证了马克思"人懂得按照任何一个种的尺度来进行生产"的论断，将对自然规律的认知转化为符合人类长远利益的实践方案。而且，这种统一并非静态平衡，而是动态调适。当人工林出现物种单一化风险，管理者主动引入灌木层和草本层构建复层林系统，在提升生态稳定性的同时为野生动物提供栖息地，实现生态与经济价值共生共荣。这既遵循了自然生态系统的规律，保障生态效益，又满足了人类对生态环境及经济发展的长远需求，契合生态理性中合规律性与合目的性统一的要求，体现出了人类在认识自然规律基础上，合理规划实践活动，达成人与自然和谐发展的目的。

制度优势在塞罕坝体现为对生态理性的制度化保障。三代建设者接力传承的“接力造林”机制，把短期经济利益与长期生态效益有机结合，超越了资本逻辑的短视性。面对市场经济大潮，塞罕坝人坚持“砍树为养树”原则，将大部分木材收入用于森林抚育，践行“以林养林”循环经济模式，把生态系统承载力作为经济活动的刚性约束，契合生态理性中对自然界承载能力有限性的认知，严守“生态保护红线”制度伦理。当地政府将生态教育纳入义务教育体系，使“绿水青山就是金山银山”理念内化为新一代建设者的价值共识，将制度约束转化为个体道德自觉，形成社会生态与心灵生态的良性互动，这与生态理性从理论走向实践、推动社会集体性自觉的发展趋势一致，通过制度与教育手段，让生态理性扎根于社会与个体层面。

塞罕坝的奇迹最终导向心灵生态的深层变革。望火楼的造林人在观测火情时记录候鸟迁徙轨迹，林间巡护职工能分辨不同树种在月光下的“呼吸声”，这种与自然对话的能力，正是马尔库塞所说的“非压抑文明”的现实呈现。劳动在这里从异化的生存手段转变为与自然共舞的审美活动，人与自然的主客对立消弭于“诗意的栖居”。如今的塞罕坝，不仅是生态修复典范，更是巨型生态教育场域，游客感受负氧离子，青少年理解“生命共同体”哲学内涵，心灵层面的生态觉醒重塑社会价值取向。这体现出生态理性中人与自然万物并生共在、平等相待的理念已深入人心，从心灵深处激发人们对自然的尊重与热爱，呼应了生态理性蕴含的现代生态伦理学意义上的平等权利肯认，促使人们在行动上自觉维护生态平衡，推动人与自然和谐共生。

生态理性是在适应自然环境和社会环境过程中不断演化的人类理性，它遵循生态整体性原则，以可持续的生产方式、发展方式满足人们的物质需求，坚持对自然生态资源的节约和保护，兼顾劳动、资本与自然资源的良性循环。

概言之，在社会现代化进程中，要着力克服经济理性驱动下对大自然进行疯狂掠夺这一生态病症，确立以生态理性为核心的生态价值观，从而让处于迷茫、困顿中的人类看到曙光。从塞罕坝的实践可见，马克思主义生态理性的强大力量，在于将自然规律客观性与人类实践能动性融合为新型文明形态。它既不退回原始自然崇拜，也不放纵技术盲目扩张，而是在制度保障与心灵觉醒双重维度构建人与自然共生共荣的生命网络。当我们在塞罕坝林海聆听松涛，听到的不只是树木生长，更是文明转型的时代强音，它昭示着真正的发展不是征服自然的凯旋曲，而是与万物和谐共舞的交响曲，而这也正是生态理性在实践中绽放的独特价值，引领人类迈向与自然和谐相处的美好未来，让生态理性的光辉在广袤大地上持续闪耀，不断推动生态保护与人类发展的良性互动。

三、统筹生态正义与代际正义的辩证关系

塞罕坝通过代际正义的实践，成了统筹代内公平与代际正义辩证关系的考辨起点。它向我们展示了在现实生活中，如何将代际正义的理论与实践相结合，以实际行动诠释对未来世代的责任与担当，为实现生态正义与代际正义的统一提供了有益的借鉴和启示，让我们更加深刻地认识到代际正义对于构建可持续公正社会的重要性。

（一）生态正义作为考辨起点

20 世纪 60 年代以来，全球范围内日益加剧的生态危机促使国际社会普遍关注“生态正义”问题，产生了关于生态正义的三种理解方式：一是作为道德范畴，即一个道德主体享有应有权利并履行应尽义务意义上的生态正义；二是作为分配正义，譬如布莱恩·巴克斯特明确把生态正义界定为人与非人生物之间的环境资源分配正义；三是作为生产性正义的生态正义，譬如詹姆斯·奥康纳反思批判资本主义分配性正义时提出“将需求最小化”，“彻底废止分配性正义”，“正义之唯一可行的形式”是生态正义。

在塞罕坝的时空坐标中，生态正义的实践辩证法展现为代内公平与代际

正义的永恒对话。这片跨越一个甲子的人工林海，既是当代人向自然偿还生态债务的历史见证，更是子孙后代继承生态遗产的未来起点。当第一代建设者在荒滩上种下第一棵树时，他们不仅在重构人与自然的物质代谢关系，更在创造一种超越个体生命长度的责任传递机制——这种机制打破了“前人栽树后人乘凉”的单向度认知，使每一代人都成为生态正义链条上的双重主体，既是前代人环境决策的受惠者，又是后代人生态权益的受托人。

塞罕坝的代内公平首先表现为对发展权的重新定义。在高寒坝区恶劣的自然条件下，建设者们没有选择掠夺式开发的捷径，而是以“先治坡后治窝”的生存智慧，将改善自身生存环境与修复区域生态系统有机统一。这种选择暗含着对马克思“劳动是人的本质力量对象化”的深刻诠释，当职工们用双手在石质山地刨出树坑时，劳动不再是异化的谋生手段，而是与自然进行平等对话的实践中介。林场实行的“按劳分配与生态贡献挂钩”制度，将林木成活率、森林覆盖率等生态指标纳入分配体系，使劳动者的付出直接转化为可见的生态资本积累，在物质利益分配中嵌入了生态正义的价值刻度。

代际正义的实现则依赖于制度理性的时空延展。塞罕坝独创的“接力造林”机制，通过签订跨任期的生态责任状，将领导干部的政绩考核与森林生长周期（20—30 年）绑定，这种制度设计超越了政治周期的短期性，使“功成不必在我”的理念转化为可追溯的责任链条。更具革命性的是，林场将每年木材收益的固定比例用于设立生态信托基金，基金收益定向用于后代的生态教育与环境修复，这种代际契约机制在资本增殖逻辑之外开辟了一条生态资本保值增值的新路径，使当代人的发展不致透支后代的生态选择权。

这一语境下，塞罕坝的生态正义实践重构了“发展”的伦理边界。当第三代建设者运用无人机巡护时，他们延续的不仅是造林技术的迭代，更是对“人是自然的看护者”这一古老命题的现代诠释。林场推行的生态反哺工程，将旅游收益的 30% 返还周边乡村用于污染治理，这种空间正义的实践打破了城乡二元对立的生态剥削格局。更值得深思的是，塞罕坝通过建立树木认养制度，使城市居民能够以经济补偿的方式参与生态建设，这种市场化手段本质上是代内公平的空间化延伸，让生态受益者与保护者形成实质性的利益共同体。而塞罕坝的启示在于，生态正义的考辨起点既不在抽象的道德思辨中，也不在空洞的制度设计中，而在具体的实践场域中。当我们在林海中触摸那些刻有建设者姓名的界碑时，看到的不仅是个体生命的不朽，更是生态正义的时空绵延，即每一棵树都是代内公平的物质载体，每一道年轮都是代际正义的时间刻度。这种实践智慧印证了马克思的论断："历史不过是追求着自己目的的人的活动而已"，而生态正义的终极目标，正是要让这种活动在代内的横向公平与代际的纵向延续中，谱写出人与自然和谐共生的永恒史诗。

（二）代际正义作为融贯尝试

代际正义"是一个将人类社会视为所有世代之间的伙伴关系的概念"。在这个概念中，它着重修正对未来世代权益的怀疑，避免给未来人一个不公正的世界。它预设了一个重要的理论前提，即"对后代人权利的承认、证明和辩护是解决本代人与后代人公平问题的基础。虽然这相对于对在场各代权利的证明和辩护要困难得多，但这个工作是非做不可的"。那么，将正义的纽带在时间轴纵向延伸，增进社会公正对于未来世代的合理性的引导，代际正义应当以何种依据或标准判断当代人的思维和行动是否正当，又应以何种尺度衡量未来世代可能存在的权益的改善？这既是减少相关争论的一种方式，也是增强代际正义可信度的一种论证。

塞罕坝的实践为解答这些问题提供了生动的范例。从正义与代际关系来看，塞罕坝人深知代际权力的非平等性和非对称性。他们明白当代人的决策和行动对未来世代有着深远的影响，因而肩负起为后代创造美好环境的责任，这体现了对未来世代权利的尊重，将代际正义的理念融入到实际行动中。他们没有因为未来世代无法对当代人的行为进行约束或惩罚，就肆意消耗资源或破坏环境，而是以一种负责任的态度，为后代留下了一片广袤的森林资源和优良的生态环境，诠释了代际的公平与正义。

从作为整体公平的生态正义角度出发，塞罕坝精神体现了对生态整体主义的深刻理解。塞罕坝人认识到生态正义不仅关乎当代人之间的公平，更涉及代际以及人与自然之间的公平。他们致力于维护生态系统的平衡与稳定，通过植树造林等行动，实现了生态环境的改善和恢复，保障了地球上所有生命形式的共同利益，使得生态整体内部的和谐关系得以维护。这种实践不仅满足了当代人对良好生态环境的需求，也为未来世代提供了可持续发展的基础，是对生态正义理念的生动践行。

再看罗尔斯的代际正义论，塞罕坝的实践也与之有着内在的契合。罗尔斯强调社会是一种世代相继的公平合作体系，塞罕坝人正是将这种理念付诸实践。他们把自己视为生态保护事业中的一环，通过一代又一代的努力，持续不断地为改善塞罕坝的生态环境而奋斗。而关于未来世代，这些利益所有者的身份现在必然是模糊的，但是他们的利益所有权的事实是非常清楚的，这就是证明当前关于他们权利的讨论的连贯性所必需的一切。这一过程中，他们遵循着一种“正义的储存原则”，并非只为当下的利益而过度开发，而是为未来世代储存了丰富的生态资源和宝贵的精神财富。同时，塞罕坝人也展现出了罗尔斯所说的缔约者所应具备的正义感，他们理解和应用了能为公众所认可的正义原则，将保护生态环境视为自己的责任和义务，希望前代和后代都能遵循这样的原则，共同维护人类社会与自然环境的和谐共生。

（三）正义考辨的三重原则

代际正义致力于实现一种可持续的公正社会，一个重要原因是社会公正既可构建对当代人具有一定约束力的储存框架，也可以在代际产生合理的遗传政策。为达成此目标，罗尔斯强调世代间应遵守正义的储存原则，“即无论他们最终属于哪个世代，他们都准备在这些原则所导致的结果下生活”。这一原则在塞罕坝半个多世纪的实践中，通过互惠、平衡、分配三重原则的交织，展现出代际正义的实践智慧。

罗尔斯认为代际互惠无法通过直接交换实现，只能通过链式联系达成跨代补偿。塞罕坝的造林史正是这种链式互惠的生动注脚。第一代建设者在极端环境中种下落叶松，第二代人接力完成荒山绿化，第三代人转向森林抚育与生态修复。每一代人的付出都未直接获得回报，却通过森林资源的累积形成代际的隐性契约——当代人的牺牲转化为后代人的资本。正如罗尔斯所言，“储存问题必须通过某些限制才能加以处理，而这些限制只有当公民作为同时代人的时候才会有效”。在机械林场时期，建设者发现单纯追求造林速度会导致树木枯死，转而采用适地适树策略，高海拔种樟子松、阴坡育云杉、阳坡植油松。这种调整看似是当代人的利益让渡，实则是对未来世代需求的预判——通过模拟自然植被结构，人工林最终形成自我调节的生态系统，为后代留下可自我维持的资源。这种互惠不是即时的利益交换，而是通过生态规律的把握，实现资源价值的跨代保值。

平衡原则要求在代内缩小不平等的同时，避免代际的过度索取。塞罕坝的以林养林模式恰是这种平衡的典范，将木材收入的 80% 用于森林抚育，既保障当代职工的生计，又为未来储存生态资本。这种分配策略暗合罗尔斯的警告——“纯粹时间偏爱的基础上轻视未来的福利”会导致“过度的积累率”，而塞罕坝人选择的是砍树为养树的循环，使经济收益与生态效益形成动态平衡。更深刻的平衡发生在制度层面。当市场经济大潮中许多林场转向商业开发时，塞罕坝坚持生态红线制度，将森林覆盖率从 12% 提升至 80% 以上。这种代内的利益节制，实质是对代际公平的优先考量——通过限制当代人的发展权，为后代保留选择空间。生态正义要求公平地分配生态环境费用和负担，塞罕坝的职工收入长期低于同行业水平，却通过代内的利益让渡，实现了代际的发展权平衡。

罗尔斯强调储存的内容不仅是“工厂、机器”，更是“知识、文化及其技术和工艺”。塞罕坝的分配实践印证了这一洞见，有形的森林资源通过“接力造林”机制实现代际传承，无形的生态知识与精神遗产则通过文化濡化形成代际共享。造林人掌握的树木生长规律、防火瞭望员记录的候鸟迁徙数据，这些知识资本的代际传递，构成比物质资源更珍贵的遗产。在生态权利分配上，塞罕坝创造了“共享型”发展模式，通过生态旅游让游客共享森林福利，将生态调节服务转化为公共产品，通过生态党校培养青少年的环境伦理，使“绿水青山就是金山银山”的理念成为跨代共识。这种分配超越了简单的资源分割，正如魏伊丝的代际公平三原则所揭示的，塞罕坝人不仅保存了自然质量，更保存了后代接触自然、理解自然的权利。当孩子们在林间步道学习“生命共同体”哲学时，代际的生态权利分配已在精神层面完成。

塞罕坝的实践揭示的三重原则本质上是生态理性的具体化，互惠原则遵循自然的链式规律，平衡原则校准人类的欲望边界，分配原则重构发展的价值序列。在这里，罗尔斯的“正义储存原则”不再是抽象的理论预设，而是化为可触摸的生态年轮——每一圈年轮都刻着前代人的汗水，每一片叶脉都传递着对后代的承诺。这种跨越半个世纪的正义实践证明，当人类将自身置于“世代相继的公平合作体系”中时，方能在时间的长河中，书写出人与自然、当代与未来的共生史诗。

第三节　生态现代化的实践路径

塞罕坝的绿色长征，书写着生态治理从理念创新到实践突破的现代性叙事。当人工林海在燕山北麓形成碳汇循环的生命网络时，这场生态实践已超越单纯的技术改良，演变为制度供给、技术革命与文化觉醒交织的系统工程。在“赓续传承”的历史纵轴与“守正创新”的现实横轴交汇处，塞罕坝精神正通过制度、技术、文化三螺旋结构的协同进化，构建起生态现代化转型的实践坐标系。它以产权明晰的治理体系重塑人地契约关系，用数字孪生技术解构生态系统的复杂性，借文化基因重组激活生态文明的集体自觉。这种多维创新的耦合效应，既破解了生态产品价值实现的“公地悲剧”，又突破了生态修复效率的“技术天花板”，更消弭了生态治理理念的“文化时差”，为全球生态治理贡献了“制度理性奠基、技术革命赋能、文化认同固本”的中国方案。当塞罕坝经验从区域性生态实践升维为普适性方法论时，其开创的治理范式正以中国智慧重构着人类与自然和解的实践哲学。

一、构建三位一体的要素驱动体系

在生态文明建设的时代语境下，塞罕坝从荒原到林海的蝶变，本质上是一场由产权制度革新、市场机制激活、法治保障强化构成的三位一体要素驱动体系的实践范本。这一体系突破了传统自然资源管理的单一维度，通过产权明晰化、价值市场化、治理法治化的协同联动，为“绿水青山”向“金山银山”的转化提供了系统性解决方案。

（一）自然资源资产产权制度的当代重构

自然资源资产产权制度是生态文明建设的“四梁八柱”。《中共中央 国务院关于加快推进生态文明建设的意见》将自然资源资产产权制度改革作为生态文明建设的首要任务。塞罕坝百万亩林海的重生，本质上是一场关于自然资源价值认知的革命。当300年前的皇家猎苑沦为黄沙漫天的荒原，传统产权制度下“资源无价”的认知困境暴露无遗。森林被简化为可分割的木材，生态价值在经济逻辑中消弭。直到生态文明建设将“自然价值”纳入制度视野，塞罕坝才真正开启了从“砍树人”到“看树人”的产权制度变革，其核心在于构建以生态价值为内核的新型产权体系。

传统产权理论遵循还原论思维，将自然资源拆解为孤立的经济要素。塞罕坝早期的林权制度便是典型，20世纪60年代的采伐指标将森林等同于“立木蓄积量”，林木所有权与林地所有权分离，导致“采育失衡”。这种要素分割的产权设计在20世纪70年代引发危机。人工林郁闭度下降37%，水土流失面积扩大42%，印证了楚道文所述的“自然价值独立性”被忽视的后果，当森林的碳汇、水源涵养等生态功能未被确权，经济开发必然导致“公地悲剧”。转机始于《森林法》的修订，塞罕坝率先实践“山水林田湖草”生命共同体理念，将140万亩林地划分为生态公益林与商品林，建立“生态产权登记簿”。在滦河源头区，森林、湿地、河流被纳入统一产权单元，核心区禁止商业开发，缓冲区允许生态旅游，实验区发展林下经济。这种空间管制突破了要素分割，正如周珂所言，“自然资源的整体性要求产权客体从‘林木’转向‘生态系统’”。数据显示，实施系统产权保护后，流域水源涵养能力提升40%，生物多样性指数提高25%，证明生态价值确权能有效遏制要素产权的短视性。

产权原是经济学概念，包括所有权、使用权、收益权、处分权在内的一系列权利。根据科斯定理，在产权明确的前提下，资源可以实现优化配置。自然资源资产产权是对自然资源资产赋予产权，通过产权的方式来保护自然资源，实现自然资源的有效开发和利用。自然资源资产产权制度是利用经济或法律手段对自然资源的开发利用进行保护的一种手段。具体而言，自然资源资产产权制度是为自然资源确定一个明确的“主人”，规定其权利，包括所有权、使用权、处分权和收（受）益权等，规定其义务和责任，由一个权责明确的“主人”负责资源的利用、保护和管理，以实现自然资源经济效益、生态效益和社会效益的最佳配置。自然资源资产产权制度与共同富裕在价值、目标、对象等维度具有内在的逻辑关联。

这一语境下，塞罕坝的产权重构以“生态 - 经济”双核结构为核心，在国家所有权框架下实现权利细分。一方面，生态产权被赋予新型权能。碳汇计量、生物多样性保护等生态指标纳入产权体系，2014 年成立的生态资源交易中心将森林固碳量、释氧量等转化为可交易的生态资产，累计完成碳汇交易 120 万吨。另一方面，经济产权被严格限定。商品林采伐须遵循“砍一栽三”原则，收益的 80% 用于生态抚育，形成“以林养林”的闭环。这种双核结构破解了传统产权虚置难题。过去，国家所有权因缺乏具体权能而沦为“纸面上的权利”，如今生态产权的排他性（如公益林禁伐）与经济产权的收益性（如碳汇交易）形成制衡。在亮兵台村，农户以林地生态经营权入股，每年获得“保底收益 + 生态增值分红”，户均增收 1.8 万元，实现了高丽华提出的“资源变资产、资产变资本”逻辑。更深远的意义是，生态产权的公共属性被激活——造林人不仅是资源管理者，更是生态价值的守护者，其职责从“伐木计数”转向“碳汇计量”，标志着产权主体从“经济人”向“生态人”的转型。

此外，塞罕坝的制度创新并非否定市场，而是构建“生态优先型”市场机制。在集体林权改革中，“三权分置 + 生态入股”模式打破了“政府包办”的传统，村集体保留所有权，林场行使生态经营权，社会资本以生态修复投入入股。这种设计使生态保护从行政强制转化为市场激励——企业通过投资人工林抚育获得碳汇收益，村民通过流转经营权分享生态红利，政府通过产权登记与交易监管保障公共利益。更深层的变革发生在价值核算领域。塞罕坝首创“生态资产负债表”，将森林的生态价值量化为可考核的资产项，与经济价值共同构成“一体两翼”的产权客体。当木材收入与碳汇收益在财务报表上并列呈现，发展与保护的对立消弭于产权制度的设计之中。

至此，塞罕坝的实践揭示，生态产权制度的当代重构本质是一场“价值革命"。它不仅是法律条文的修订，更是对人与自然关系的重新定义。当产权制度从"征服自然的工具"转变为"守护生态的契约"，当造林人的巡山日志同时记录林木生长与候鸟迁徙，当碳汇交易资金反哺生态修复，这些细节共同勾勒出生态文明时代的制度图景，在产权的刻度上，不仅标注着经济的盈亏，更丈量着文明的尺度。塞罕坝的百万林海，正是这种制度文明最生动的注脚，即当生态价值被赋予产权的硬度，人与自然的共生才能真正落地生根。

（二）生态产品价值的凝固实现

生态产品价值实现的核心在于构建生态优先型市场机制。党的二十届三中全会审议通过的《中共中央关于进一步全面深化改革推进中国式现代化的决定》强调要深化生态文明体制改革，加快完善落实"绿水青山就是金山银山"理念的体制机制，健全生态产品价值实现机制。随着生态资源价值显化机制的深化，生态资本运营进入市场化配置与资本化创新的新阶段。通过要素重组与科技创新协同驱动，生态资源正加速转化为具备市场渗透力的资本形态。生态产品价值的凝固实现，是践行"绿水青山就是金山银山"理念的关键所在。塞罕坝的实践，正是将"绿水青山"的自然与生态价值，通过科学规划和有效治理，转化为"金山银山"的经济、社会和文化等多重价值。在这一过程中，塞罕坝人充分尊重自然规律，坚持生态优先、绿色发展，通过植树造林、生态修复等措施，逐步恢复了林区的生态功能，提升了生态系统的服务价值。

从"荒原"到"林海"再到"金山"的蜕变，印证了"保护生态环境就是保护生产力"的科学论断。其经验表明，生态产品价值实现的核心在于通过制度创新将生态资本转化为发展资本，在修复生态赤字的基础上，依托市场化手段推动生态价值向经济、社会、文化价值的多层级转化，最终实现人与自然和谐共生的现代化。这一实践不仅为中国生态文明建设提供了"塞罕坝方案"，也为全球生态治理贡献了东方智慧。具体来讲，这一过程本质上是生态赤字恢复阶段的典型实践，通过政府主导的大规模生态修复工程，塞罕坝将负外部性严重的退化土地转化为具有正外部性的生态公共品，为后续价值实现奠定了坚实的基础。

塞罕坝的生态产品价值实现，呈现出一个从生态公共品到生态空间资源，再到生态消费品的递进逻辑。

首先，在生态公共品的外溢共享方面，塞罕坝通过森林碳汇交易积极参与全国碳市场，2021 年成功完成了首单 18.3 万吨的碳汇交易，成交额超过 300 万元。这一举措不仅展示了塞罕坝在碳减排方面的卓越成效，也为全国碳市场的健康发展贡献了力量。同时，作为京津冀地区重要的水源涵养地，塞罕坝通过跨区域生态补偿机制获得了财政转移支付，将生态调节服务价值成功转化为经济收益，实现了生态效益与经济效益的双赢。

其次，在生态空间资源的赋能增值方面，塞罕坝依托百万亩林海，大力发展“生态 + 文旅”产业，打造了一系列森林旅游、森林康养、生态研学等新型业态。2023 年，塞罕坝的旅游收入达到了 6.2 亿元，不仅带动了当地经济的发展，还吸引了周边 10 万农户参与旅游服务，实现了生态富民的目标。此外，塞罕坝还通过林权抵押贷款等金融创新手段，将林木资源转化为可融资的资产，有效破解了生态保护资金瓶颈，为生态产品的价值实现提供了强有力的金融支持。

最后，在生态消费品的市场化开发方面，塞罕坝充分利用林下资源，发展了黑木耳、金莲花等特色种植产业，培育了“塞罕坝”品牌农产品，年产值超过 2 亿元。这些生态消费品不仅满足了市场对绿色、健康产品的需求，还进一步提升了塞罕坝的品牌知名度和美誉度。同时，塞罕坝还开发了碳汇标识、生态文创产品等，将生态符号转化为消费端的溢价，实现了“生态符号—文化价值—经济价值”的链式增值，为生态产品的市场化开发开辟了新的路径。

至此，生态产品价值实现是践行“两山”理念的重要实践路径。生态产品价值实现的典型案例展现了我国在生态赤字恢复、生态价值深化和生态资本深化三个阶段全方位推动生态产品价值实现的中国经验，不仅体现了生态产品从生态公共品向生态空间资源和生态消费品的延展，更凸显了生态资源在新质生产力驱动下的多元价值转化潜力。塞罕坝的实践充分展示了生态产品价值实现的多元路径和广阔前景。通过政府主导、市场运作、公众参与等多方面的努力，塞罕坝不仅恢复了生态赤字，还实现了生态价值的显化和增值，为中国的生态文明建设提供了宝贵的经验和启示。

（三）生态法的能动性建构

生态法的能动性建构为要素驱动体系提供了制度刚性。习近平多次对坚持用最严格制度最严密法治保护生态环境作出专门论述，如"保护生态环境必须依靠制度、依靠法治。只有实行最严格的制度、最严密的法治，才能为生态文明建设提供可靠保障"；必须"用最严格制度最严密法治保护生态环境"，"让制度成为刚性的约束和不可触碰的高压线"。坚持用最严格制度最严密法治保护生态环境，有关其表述的规范性文件最早可追溯至《中共中央关于全面深化改革若干重大问题的决定》（2013）和《中共中央关于全面推进依法治国若干重大问题的决定》（2014），如后者指出用严格的法律制度保护生态环境、强化生产者的环保法律责任、大幅提高违法成本；关于最严格制度最严密法治的建设方向，要求建立健全或者完善自然资源产权、国土空间开发保护等方面的法律制度。由此，用最严格制度最严密法治保护生态环境就成为全党的共识和全党、全国必须遵守的重大决策。这一思想在塞罕坝生态文明建设实践中得到生动诠释。从茫茫荒原到百万亩林海的生态奇迹，不仅是绿色发展理念的胜利，更是生态法治能动性建构的成功范例。塞罕坝实践以制度创新破解生态治理难题，以法治思维重塑人与自然关系，为新时代生态法的发展提供了极具价值的实践样本。

从"无主荒地"到"生态资产"的法律确权，塞罕坝的生态修复首先面临产权模糊的困境。历史上，这里曾是皇家猎苑，后因过度开垦沦为沙地。20世纪60年代，政府通过行政授权确立塞罕坝机械林场的法人地位，将140万亩土地纳入国有林场管理范畴，明确"谁治理、谁受益"的产权规则。2016年《自然资源统一确权登记办法（试行）》出台后，河北省率先对塞罕坝的森林、湿地、水流等生态要素进行确权登记，建立"生态资产负债表"，将森林碳汇、水源涵养等生态价值纳入产权体系。这种从资源到资产的法律确权，不仅为生态保护提供了产权激励，更推动《中华人民共和国民法典》第254条至第265条关于自然资源产权制度法条的落地实施，使生态法从"禁止性规范"转向"赋权性规范"，激活了生态保护的内生动力。

从单一监管到多元共治的制度创新，塞罕坝的治理突破在于构建了“党政同责、一岗双责、终身追责”的责任体系。2015 年《党政领导干部生态环境损害责任追究办法（试行）》颁布后，河北省将塞罕坝生态保护纳入党政领导考核指标，实行生态红线一票否决制。同时，创新“林长 + 检察长”协作机制，检察机关通过公益诉讼督促修复被破坏的林地 300 余亩，并推动建立生态修复保证金制度。这种将政治责任、法律责任与社会责任相融合的模式，突破了传统环境法“重行政、轻司法”“重处罚、轻修复”的局限。2023 年《生态环境损害赔偿管理规定》出台后，塞罕坝探索“环境修复 + 碳汇交易”的责任承担方式，某企业因非法采矿被判令种植3000棵云杉并认购碳汇指标，实现了生态责任的“量化清偿”。

从“输血式保护”到“造血式发展”的法治转型，塞罕坝的可持续发展依赖于生态补偿机制的法律创新。早期依靠财政补贴的“输血模式”难以为继，2010 年《关于建立草原生态保护补助奖励机制的意见》出台后，塞罕坝试点“生态造林人 + 林下经济”模式，将造林人岗位与林权收益挂钩，允许在生态红线范围内开展适度的森林旅游、碳汇交易。2021 年《关于深化生态保护补偿制度改革的意见》明确“谁受益、谁补偿”原则后，河北省制定《塞罕坝生态补偿条例》，建立跨区域流域补偿基金，北京、天津等地每年按受益比例向塞罕坝支付生态补偿费 5 亿元。这种将市场机制纳入法治框架的做法，使《中华人民共和国环境保护法》第 31 条规定的生态补偿制度从原则变为可操作的规则，创造了“绿水青山”向“金山银山”转化的法治路径。

从“事后追责”到“源头预防”的功能拓展，塞罕坝的司法实践彰显了生态法的预防性功能。2017 年最高人民法院设立环境资源审判庭后，河北法院在塞罕坝设立生态法庭，创新“三审合一”模式（刑事、民事、行政案件集中审理）。针对违规放牧问题，法院不仅判决赔偿损失，还发布“行为保全禁令”，禁止在生态脆弱区放牧。2022 年《关于办理环境污染刑事案件适用法律若干问题的解释》实施后，塞罕坝法庭首次适用“生态环境修复费用优先支付”原则，某污染企业被判在缴纳罚金前先行支付 200 万元用于植被恢复。这种司法能动性不仅强化了法律的威慑力，更推动《中华人民共和国刑法》第 338 条污染环境罪从“结果犯”向“危险犯”的转型，将生态风险防控纳入法治轨道。

塞罕坝的实践证明，生态法的能动性建构需要突破传统法律的"工具理性"局限，在产权制度、责任体系、补偿机制、司法功能等方面实现创造性转化。这一过程既需要将习近平生态文明思想转化为具体法律规范，也需要通过实践反哺法律体系的完善。塞罕坝走出的法治路径，正在推动我国生态法从"被动应对型"向"主动引领型"转变，为全球生态治理提供了中国法治方案。未来，随着《中华人民共和国生态环境法典》的出台和生态文明法治体系的健全，这种能动性建构将进一步释放制度效能，助力实现人与自然和谐共生的现代化。

二、推进数字技术与生态修复的深度融合

在全球数字化与绿色化浪潮交织的21世纪，数字技术与生态修复的深度融合已成为破解生态困局、推动文明转型的核心路径。习近平强调，"要站在人与自然和谐共生的高度谋划发展"。这一论断为数字技术赋能生态文明建设指明了方向。马克思科技思想揭示，科技是"历史的有力杠杆"与"最高意义上的革命力量"，其关于科技属人性、实践性与制度性的论述，为数字技术融入生态修复提供了深层理论支撑。这既要以科技的价值理性超越工具理性的局限，又要以社会需要驱动技术创新，更要以制度优势保障技术惠民。当前，我国生态文明建设已进入以降碳为重点战略方向的关键期，数字技术与生态修复的深度融合面临新机遇与挑战。这既是对马克思科技思想的时代诠释，也是探索中国特色生态文明道路的必由之路。

（一）马克思科技思想的基础性作用

马克思科技思想的时代魅力源自于该理论深刻揭示了人类文明发展的共性与规律，使之突破历史的局限性，为各个时期的人类走出文明发展困局提供启示。置身于21世纪全球生态环境问题日益严峻的时代背景下，重新领悟马克思对科技发展与人类自由内在逻辑关联的深刻阐释，是更好更快推进新时代中国特色社会主义生态文明建设的前提条件。马克思科技思想揭示了科

技作为“历史的有力杠杆”与“最高意义上的革命力量”的本质属性，其关于科技与人类自由、社会需要驱动科技发展、科技应用的制度规约等的核心论断，为塞罕坝从“黄沙遮天日”到“绿野千里香”的生态奇迹提供了深层理论支撑。在塞罕坝数字技术与生态修复的深度融合实践中，马克思科技思想的基础性作用体现为对科技价值理性的坚守、对社会需要的回应以及对制度优势的彰显，三者共同构建了生态科技创新的实践逻辑。

习近平指出，“科学技术是世界性的、时代性的，发展科学技术必须具有全球视野”。科技作为“对象化的知识力量”，重构了人与自然的物质变换关系，其本质是人类本质力量的对象化。塞罕坝的生态修复历程，正是科技力量重构人与自然物质变换关系的生动诠释。20 世纪 60 年代，第一代建设者依靠“人工选种 + 机械造林”技术，在年均气温零下 1.4 摄氏度的高寒地区突破树木难活的自然限制，这一实践印证了马克思关于“科技赋权人类改造自然能力”的论断。进入 21 世纪，塞罕坝引入遥感监测、物联网、AI 算法等数字技术，构建天空地一体化生态监测体系，实现对 140 万亩森林、草原、湿地的动态追踪。例如，通过卫星遥感技术，可精准识别 0.1 公顷的植被变化；依托大数据分析，可预测病虫害扩散路径并提前干预。这些技术的应用，使人类从被动适应自然转向主动协同自然，正如马克思所言，“它不再被认为是自为的力量；而对自然界的独立规律的理论认识本身不过表现为狡猾，其目的是使自然界（不管是作为消费品，还是作为生产资料）服从于人的需要”。数字技术不仅提升了生态修复的效率，更重要的是，它使人类能够以系统化、精准化的方式把握生态规律，为实现“人与自然和解”提供了现实手段。

马克思还强调，“社会一旦有技术上的需要，则这种需要就会比十所大学更能把科学推向前进”。塞罕坝的生态困境与修复需求，构成了数字技术创新的核心动力。2000 年后，随着全球气候变暖，塞罕坝面临森林老化、物种单一化等新挑战，传统人工巡查模式已无法满足精细化管理需求。在此背景下，当地政府联合科研机构、企业成立生态数字技术实验室，针对三大现实问题展开攻关：其一，通过无人机三维建模技术，解决林区地形复杂、人工测绘效率低的问题；其二，开发森林碳汇计量平台，破解生态价值核算难题；其三，运用区块链技术，实现林木资源权属的透明化管理。这些技术创新并非单纯的“为科技而科技”，而是紧密围绕生态修复的实际需求。例如，利用AI算法对20年气象数据进行的分析，指导了针阔混交林种植模式的优化，使森林固碳能力提升30%；数字孪生技术模拟不同降水条件下的水土流失情况，为堤坝建设提供科学依据。这印证了马克思的判断，科技发展的动力源于工商业的扩展与人类解放的需要，在塞罕坝，这种需要表现为对生态安全的追求与对美好生活的向往。

塞罕坝的实践彰显了社会主义制度在统筹科技资源、协调短期利益与长远生态效益中的独特优势。一方面，政府通过“揭榜挂帅”机制，整合高校、科研院所、企业等多元主体，突破生态大数据共享、多源遥感影像融合等关键技术，避免了资本垄断导致的技术封锁；另一方面，建立生态科技惠民机制，将数字技术成果转化为民生福祉。例如，“智慧防火系统”将火灾预警时间从2小时缩短至15分钟，保障了林区居民安全；“生态旅游大数据平台”为周边农户提供民宿预订、特产销售等服务，2023年带动农户人均增收1.2万元。这种“政府主导、市场协同、全民参与”的模式，超越了资本逻辑下科技“见物不见人”的局限，体现了马克思所设想的“科技发展与人的解放相统一”的理想。

塞罕坝的生态奇迹，本质上是马克思科技思想的实践注脚。从人工造林到数字治理，从“向自然索取”到“与自然共生”，科技始终是贯穿其中的核心变量。马克思关于科技属人性、实践性与制度性的论述，为塞罕坝数字技术与生态修复的融合提供了三重启示，即以科技的人文关怀引领技术方向，以社会需要驱动技术创新，以制度优势保障技术惠民。在“双碳”目标背景下，这一实践不仅为我国生态文明建设提供了“塞罕坝方案”，更向世界证明了科技的真正力量，在于它能够承载人类对美好未来的向往，成为推动文明形态跃升的革命力量。

（二）技术民主化与新质生产力培育

新质生产力是绿色发展的重要支撑，践行绿色发展理念为发展新质生产力提供了持续动力，两者相互促进、协同共进。新质生产力的“新”体现为新技术、新能源、新产业的突破，“质”则指向高质量、低能耗的发展目标。

以塞罕坝实践为例，这片曾被荒漠覆盖的土地通过半个多世纪的生态治理，实现了从“黄沙遮天日”到“林海碧波涌”的蜕变，正是新质生产力赋能绿色发展的生动诠释。塞罕坝人依托耐寒树种培育、智能监测技术、碳汇交易机制等创新，将生态修复与产业发展结合，构建了“生态－经济－社会”协同的绿色产业体系，彰显了新质生产力在推动生态环境修复、促进产业转型升级中的核心作用。

技术民主化是新质生产力的价值根基。芬伯格的技术民主化思想为理解新质生产力的绿色属性提供了哲学视角。技术是一种选择，而不是走向两种理论所导致的敌托邦或乌托邦。在芬伯格看来，技术没有一种天生的不可改变的本质，技术具有两重性，即技术本身既具有纯粹工具的中立属性，又同时具有社会文化的价值属性，其本质上是一种复杂体，纯粹工具属性与社会文化属性集合于一身。芬伯格指出，在技术批判理论看来，“不仅技术体系的使用中含有社会价值，而且技术体系的设计中也含有社会价值。从这一点上来看，技术不是一种天命，而是斗争的舞台”。技术的两重性体现出现代技术既要履行其作为工具的职能，同时也蕴含着技术所需要达成的价值和目标，技术兼具的两种属性的复杂交织导致了技术问题的不同解决途径。他批判技术工具论与实体论的二元对立，提出技术设计是社会文化建构的过程，主张通过初级工具化向次级工具化的转变，将效率逻辑与生态、伦理价值结合。

在塞罕坝实践中，早期造林技术以“生存”为核心，属于初级工具化阶段；随着技术升级，监测预警、碳汇计量、林下经济等技术的应用，逐步实现了技术与生态保护、民生改善的深度融合，体现了次级工具化的系统化与中介特征。芬伯格强调的“技术论争”与“参与式设计”，在塞罕坝体现为多方主体的协同创新。政府、科研院所、企业与牧民通过技术论争，平衡了生态保护与经济发展的需求，科研机构研发耐寒树种解决“种不活”难题，企业将林业碳汇转化为经济价值，牧民参与生态管护并分享收益。这种参与式设计打破了技术精英的垄断，使技术选择更贴近多元主体的利益，为新质生产力注入了民主基因。

新质生产力的培育需以技术民主化为驱动力，具体表现为三个维度：一是打破技术壁垒，推动产学研深度融合。塞罕坝的成功得益于“科研—应用—反馈”的闭环机制。中国林科院等机构研发的樟子松嫁接红松技术解决了树种单一问题，当地企业将技术转化为规模化种植，牧民在实践中反馈优化方案。这种模式呼应了芬伯格的创新式对话理论，即工程师、用户与公众通过持续互动，使技术更具适应性和包容性。二是构建技术民主的政策框架。塞罕坝所在的河北省通过“生态补偿＋产业扶持”政策，将生态效益转化为经济效益，设立林业碳汇交易平台，允许牧民以林权入股企业，政府对绿色技术研发给予税收优惠。这种制度设计与全国人大代表贾少谦的建议一致，即通过差异化评价机制引导企业实验室向成果转化倾斜，同时借鉴刘晓华提出的“首次产业化风险分担机制”，降低绿色技术应用的市场风险。三是公众参与，激活技术民主的微观动力。芬伯格认为，技术民主化的核心是“创造性挪用”，即用户超越技术原初设计，赋予其新价值。在塞罕坝，牧民将传统放牧经验与现代监测技术结合，既保护了森林，又发展了生态旅游。这种自下而上的创新印证了技术民主化的草根力量。

至此，新质生产力与技术民主化的耦合，本质上是“科技－生态－人文”的协同进化。一方面，新质生产力通过绿色技术创新（如光伏治沙、智能电网）为技术民主化提供物质基础；另一方面，技术民主化通过多元参与避免技术异化，确保新质生产力服务于公共利益。塞罕坝的“生态银行”模式正是这种耦合的体现，通过数字化平台整合生态资源，公众以“生态股东”身份参与决策，企业以“绿色技术”实现资源增值，政府以监管保障公平，为中国式现代化注入绿色动能。

三、把握生态文明叙事的双重路向

在全球生态危机与文明转型的历史交汇点上，生态文明叙事已超越单纯的理论建构，成为重塑人类文明形态的实践纲领。中国生态文明建设的深层逻辑，正在于把握内塑根基与外拓空间的双重路向，既以红色基因筑牢生态政治认同的本土根基，又以全球话语重构争取生态叙事的国际主导权。这两条路径相互交织、互为支撑，共同构建起中国式生态文明叙事的立体框架。红色基因的传承构成生态文明叙事的价值内核，全球话语的重构则拓展了生态文明叙事的实践场域。这种叙事转向既是对文明兴衰周期律的历史回应，更是对“工业文明之后向何处去”的时代作答，其本质上是中国共产党生态自觉与人类文明自觉的统一。对内，它通过红色基因的创造性转化，将生态保护升华为全体人民的政治认同；对外，它以中国实践的世界性表达，推动全球生态叙事从“独白”走向“对话”，为人类文明永续发展贡献中国智慧。

（一）红色基因筑牢生态政治认同

红色基因在生态文明建设中发挥着极为关键的作用，为生态政治认同奠定了坚实基础。从塞罕坝的伟大实践中，我们深刻领略到红色基因的强大力量。塞罕坝人秉持着艰苦奋斗、无私奉献的精神，在极其恶劣的环境中植树造林，将茫茫荒原变为绿水青山。他们以坚定的信念和顽强的意志，克服重重困难，创造了荒原变林海的人间奇迹。这种精神正是红色基因在生态建设领域的生动体现，彰显了共产党人对生态保护的使命担当，激励着无数人投身生态文明建设事业，极大地提升了社会对生态政治的认同。

红色引领绿色发展的模式在各地得到了广泛实践，成为筑牢生态政治认同的重要路径。以北京门头沟区为例，作为红色革命老区，门头沟区立足自身红色历史文化资源，赋予“红色门头沟”党建以“听党话跟党走、讲奉献争第一、守生态绿富民”的新时代内涵。通过出台相关实施意见，建立“红色门头沟”党建“1179”工程，推动区域从老矿区向生态涵养区转变，发展方式从大拆大建向绿色发展、生态富民转变，城市治理从粗放型向精细化转变。在这一过程中，红色党建激发了干部群众的积极性和创造力，让人们深刻认识到生态保护与发展的紧密联系，从而增强了对生态政治的认同和支持。

科学与技术的联盟所构筑的现代工业，也史无前例地改变着自然界，在全球尺度上制造出一种“人化环境”，它仍然是一种物质性的活动环境，但再也不仅仅是自然的了。毫无疑问，这一过程提升了现代人的生活水平，但也有可能大规模地毁灭物质环境，全球化的发展又会扩大这种可能性。从国际视野来看，布鲁诺·拉图尔的政治生态观为我们提供了新的思考角度。他主张打破人与自然、科学与政治、事实与价值以及自然科学与社会科学的传统壁垒，倡导构建人与自然和谐共生的“生态理想国”，提出“陆地人”的概念，强调人类与非人类共同构成生命有机体。这种理念与我国倡导的人与自然生命共同体理念相契合，都致力于重塑人与自然的关系。在生态文明叙事中，我们可以借鉴拉图尔的思想，进一步丰富和完善我国生态文明建设的理论与实践，向世界展示中国生态文明建设的独特理念和成就，提升我国生态文明建设在国际上的影响力和认同度。

在新时代，我们应坚守红色初心，以处理人类社会与自然的关系为轴心，努力打造学习创新理论的高地。正如"万物各得其和以生，各得其养以成"，荀子名言所蕴含的人与自然和谐共生的生命共同体理念，所传达的，正是现代中国在源远流长的中华文明基础上，反思全球化资本主义，对困扰世界各国的生态危机解决之道的不懈探索。此外，应深入学习习近平生态文明思想，深刻领会其内涵和精神实质，将红色基因融入生态保护和发展的实践中。通过开展各类宣传教育活动，传播红色文化与生态文明理念，让更多人了解红色基因在生态文明建设中的重要意义，激发全社会参与生态文明建设的热情，凝聚起推动生态文明建设的强大力量，为实现人与自然和谐共生的现代化目标而不懈奋斗。

（二）全球话语重构生态叙事权

习近平指出，"生态文明是人类社会进步的重大成果。人类经历了原始文明、农业文明、工业文明，生态文明是工业文明发展到一定阶段的产物，是实现人与自然和谐发展的新要求"，"生态文明是人类文明发展的历史趋势"。中国以生态文明建设成就扛起了全球生态文明建设的重要参与者、贡献者和引领者的责任担当，更是秉持人类命运共同体理念，坚持走人与自然和谐共生的中国式现代化道路，为人类应对生态危机提供了中国方案。这也意味着，在全球化时代，中国生态文明建设需要走向世界，这既符合中国作出国际贡献的实际，也是提升世界性影响力的需要。由此，生态文明叙事的重要性得以凸显。

作为一种普遍的表达方式，叙事是将事件、经历或概念通过语言、文字或其他媒介进行有序表达和讲述的过程。在全球生态环境问题日益严峻的当下，全球话语重构生态叙事权成为关键议题。当前，中国生态文明叙事走向世界，不仅涉及内容的丰富性和表达方式的革新，还涵盖了从环境保护到综合生态治理的演变。国际话语权是指国际关系中掌握了一定资源、知识和规则的国际行为体，通过各种话语文本表达形式而对外产生的、足以改变其他行为体认识和行动的能力。对国际话语权的掌握是界定国家软实力的关键指标，也是衡量中华民族伟大复兴成就的重要标志。习近平曾在不同场合多次强调争夺国际话语权是一个重大的时代课题，“要努力提高国际话语权，要加强国际传播能力建设，精心构建对外话语体系”。生态文明话语的研究作为一个横跨生态学、政治学、语言学、传播学等学科领域的中间地带正在成型，但在国际上尚未形成关于生态治理的中国话语体系，亟待提升中国生态文明国际话语权。

而新时代中国生态文明叙事的世界性转向、中国生态文明国际话语权的出场语境与建构路径以及持续推进生态文明全球叙事能力建设等方面，都深刻影响着这一重构进程，其背后蕴含着坚韧不拔的生态建设精神与科学合理的治理模式。塞罕坝的成功，不仅是中国生态文明建设的典范，更成为全球生态叙事中的闪亮篇章。它以生动的实践证明了人类在生态修复与建设方面的巨大潜力，为全球生态治理提供了宝贵的借鉴经验，有力地冲击了西方传统生态话语体系中关于生态治理的局限性认知，促使全球生态叙事更加注重实践成果与可持续发展模式的呈现。

新时代中国生态文明叙事发生了世界性转向。中国在生态文明建设方面取得了显著成就，如大气治理让大城市空气质量改善，水污染治理使主要流域水质好转，生态保护和修复工程有效改善全国生态环境状况，数字生态文明建设也大力推进。习近平生态文明思想和中华优秀传统文化的生态智慧为其提供了坚实支撑，应对全球生态危机与提升中国生态文明国际话语权的现实需要则成为其强大动力。这一转向优化了叙事内容，凸显中国式现代化的生态文明之维；创新了叙事话语，使生态文明建设话语愈加丰富；转变了叙事重心，从时间叙事走向时空叙事；拓展了叙事空间，由国内迈向全球。这些创新为全球话语重构生态叙事权提供了新的视角与思路，让世界看到了生态文明叙事的多元性与丰富性。具言之，生态文明叙事话语的创新主要体现在“生态兴则文明兴”“绿水青山就是金山银山”“保护生态环境就是保护生产力""山水林田湖草是一个生命共同体""实行最严格的制度最严密的法治""满足人民日益增长的优美生态环境需要""美丽中国""建设美丽清洁世界"等具体话语中，分别呈现了中国生态文明建设的发展理念、生产力、生态治理、制度建设、价值导向、现代化、国际责任等维度。这些不同维度的话语不仅是对中国生态文明建设成就和经验的总结，还扮演向国际社会传递中国生态文明建设理念的角色。在经济发展与环境保护的问题上，"绿水青山就是金山银山"的绿色发展话语是"破解经济发展与环境保护两难困境的金钥匙"，也是中国生态文明建设话语体系的核心内容。

从中国生态文明国际话语权的出场语境来看，西方生态话语因生态治理实践的不彻底性、理论的滞后性以及普世价值的虚假性，陷入失实、失效、失信的困境，遭遇严重叙事危机。与之相比，中国生态文明话语以中国生态文明建设为实践依托，中国共产党高度的生态自觉与社会主义公有制的制度属性保障着生态文明实践；以"马中西"资源融通为理论滋养，马克思主义自然观、中国传统天人观与西方生态理念共同构成思想养料；以人类命运共同体为价值旨归，具备应对全球生态问题的国际视野。为建构中国生态文明国际话语权，需筑牢实践基础，提振话语自信；坚守话语内核，创新话语表述；构建话语场域，完善话语传播。这一系列举措对于打破西方生态话语霸权、重构全球生态叙事权意义重大。

持续推进生态文明全球叙事能力建设亦是重构生态叙事权的重要方面。全球话语权竞争日益激烈，国际绿色领导力演变政治化，全球绿色治理方案博弈复杂化，在此背景下，中国需加强生态文明学术体系和传播体系建设，注重发挥"人与自然生命共同体""绿水青山就是金山银山"等核心标识的引领性价值，加强生态文明建设的示范性案例联合研讨与全球阐述，创造性地从不同部门、不同领域、不同维度阐述并融通生态文明的全球叙事。通过这些努力，中国能够在全球生态叙事中发挥更大作用，推动全球生态叙事权的重构，促进全球生态文明建设迈向新高度。

第五章　价值论：塞罕坝精神的世界意义

只有从一定的历史形态的社会生产关系体系来看，并且只有从表现在大量的、重复亿万次的交换现象中的关系体系来看，才能了解什么是价值。

——弗拉基米尔·伊里奇·列宁《卡尔·马克思》

生态文明的发展需要严谨的生态哲学基础，而生态哲学需要坚实的生态价值论根基。这就需要建立一种包容性更为广泛、解释力和适用性更强的，摆脱了人类中心主义传统价值观束缚的，全新的适合于生态文明的一般价值论。任何理论最重要的部分莫过于对于其核心概念的阐释，价值论也一样。价值概念的定义决定了生态价值论的根基。价值概念的定义有许多，有的哲学原理教科书中说："价值可以定义为……客体的存在、作用以及它们的变化对主体及其需要相适合、相一致或相接近。"哲学原理教科书中的另一种说法是，价值是"客体以其属性满足主体需要和主体需要被客体满足的效益关系"。这里的价值被认为是主体需要的产物，而主体则正是一般意义上的具有认识和改造世界能力的人。显然，上面引用的价值定义是人类中心主义的，这样的价值定义根本无法成为建设生态文明的价值论基础。在《1844 年经济学哲学手稿》中，马克思明确指出，未来理想社会的存在形式作为完成了的人道主义等于自然主义，"它是人和自然界之间、人和人之间的矛盾的真正解决，是存在和本质、对象化和自我确证、自由和必然、个体和类之间的斗争的真正解决。它是历史之谜的解答”。在全球生态赤字持续扩大的危机中，中国北疆一片曾被视为“生命禁区”的土地上，三代人用半个多世纪的坚守书写了人类生态治理的史诗。塞罕坝的实践以“赓续传承、守正创新”为精神内核，将中国传统“天人合一”的生态哲学转化为现代化治理方案，构建了一条迥异于西方工业文明逻辑、具有普遍世界性意义的可持续发展路径。

第一节　引领人类文明新形态的价值取向

人类文明新形态场域中的生态文明建设是新时代中国立足永续发展、遵循自然规律、把握时代脉搏且尚在进行中的一场具有革命性历史意义的实践活动。当前，人类社会仍处于以具有“天然反生态性”为基本特征的资本逻辑宰制的现代性发展阶段。为此，需要切中肯綮地把握社会主义生态文明建设过程中的资本逻辑问题，澄明并深耕资本逻辑规制下生态文明建设何以可能，以及生态文明建设诉求下扬弃资本逻辑何以可能等核心议题，进而在推动生态文明建设中，“要为资本设置‘红绿灯’。……各类资本都不能横冲直撞。要防止有些资本野蛮生长。要反垄断、反暴利、反天价、反恶意炒作、反不正当竞争。要依法加强对资本的有效监管”，成功开创出一条超越资本逻辑的中国特色社会主义生态文明建设的跃迁之路。在资本逻辑宰制的现代性图景中，塞罕坝精神的生态实践犹如划破工业文明迷雾的启明星，昭示着人类文明形态革新的价值坐标。资本主义生产体系将自然简化为剩余价值增殖的工具性载体，其“代谢断层”引发的生态悖论，在塞罕坝三代建设者以生命修复生态的壮举中遭遇根本性质疑。当机械论自然观肢解生态系统整体性时，塞罕坝人用“绿进沙退”的实践辩证法，完成了从人类中心主义的价值到生命共同体伦理自觉的认知跃迁。这种以生态正义为内核的文明范式，既突破了代际剥削的资本时间观，又以空间公平原则重构了人与自然的价值契约，为全球生态治理提供了超越工具理性的东方智慧，更是人类文明新形态的精神界碑。

一、破解资本逻辑的生态悖论

（一）资本逻辑的生态悖论本质

马克思在《资本论》第一卷中分析指出："资本主义生产……破坏了土地持久肥力的永恒的自然条件，破坏了一切财富的源泉——土地和工人。"资本逻辑的生态悖论根源于"剩余价值生产与自然异化的必然冲突"，资本主义社会的综合体悖逆客观的自然规律，人与自然界之间平衡的生态链被打破，资本主义通过将自然要素纳入商品化体系，使得"人和土地之间的物质断裂"成为必然。在资本主义生产体系中，资本逻辑的核心是"剩余价值的无限增殖"，这一逻辑从根本上决定了人与自然关系的异化本质。马克思在《资本论》中深刻指出，资本主义生产的目的不是使用价值的创造，而是"价值增殖的狂热"。资本家为追求利润最大化，必然将自然力作为"免费的生产要素"并入生产过程，导致对自然资源的掠夺性开发与生态环境的系统性破坏。这种"发展即破坏"的悖论，集中体现为资本扩张与生态承载力的根本对立，资本积累需要不断突破自然边界，而自然的有限性却构成资本无限增殖的终极障碍。

资本的文明面在于其推动了生产力的巨大进步，然而这种进步是以自然的异化为代价的。马克思揭示，资本主义农业的每一次技术进步，"是掠夺土地的技巧的进步"。在资本逻辑支配下，自然被简化为有用物的集合，其内在价值被消解为交换价值。例如，资本家将森林视为木材加工厂的原料库，将河流视为工业废水的排放地，自然的生态功能被彻底工具化。这种异化不仅表现为人与自然物质变换的断裂，更表现为人与人关系的扭曲，资本家通过占有生产资料，将工人的劳动及其与自然的互动异化为资本增殖的手段，最终导致"工人生产的财富越多，他的产品的力量和数量越大，他就越贫穷"。当代资本主义通过生态殖民主义转嫁危机，将高污染产业转移至发展中国家，同时通过国际贸易体系占有全球生态资源。这种"环境正义"的缺失，本质上是资本逻辑在全球范围内的延伸，即少数人通过剥削自然和他人积累财富，多数人则被迫承受生态恶化的后果。

塞罕坝的生态奇迹为破解资本逻辑提供了鲜活样本。这一实践的核心在于超越"利润至上"的发展逻辑，确立"生态优先、绿色发展"的价值导向。塞罕坝人以"功成不必在我，功成必定有我"的信念，将生态保护视为长期的社会责任，而非短期的经济利益。这种"人与自然生命共同体"的伦理自觉，打破了资本逻辑下"人对自然的统治"思维，建立了人与自然共生共荣的关系。塞罕坝的成功印证了马克思的预言，只有在"联合起来的生产者"共同控制下，才能"合理地调节他们和自然之间的物质变换"。通过以公有制为主体的制度保障，塞罕坝实现了生态效益、经济效益与社会效益的统一，证明了社会主义制度在生态治理中的优越性，即能够集中力量办大事，统筹长远利益与短期利益，避免资本的短视性破坏。

此外，中国特色社会主义的绿色发展理念，从根本上超越了资本逻辑的生态悖论。这一理念以"两山论"为核心，将生态环境视为"最普惠的民生福祉"，强调"保护生态环境就是保护生产力，改善生态环境就是发展生产力"。与资本主义将自然作为"外部成本"不同，中国通过生态文明制度建设，将生态要素纳入经济核算体系，推动形成绿色生产方式和生活方式。例如，碳市场交易、生态补偿机制等创新，既激活了"生态资本"的价值，又遏制了资本对自然的无序掠夺。在伦理层面，人与自然生命共同体理念也突破了"人类中心论"与"生态中心论"的二元对立。它承认自然的"内在价值"，但并非否定人的主体性，而是主张通过"人的尺度"与"物的尺度"的辩证统一，实现人与自然的和谐共生。这种伦理超越体现在实践中，就是将生态治理与民生改善相结合，如脱贫攻坚中的"生态扶贫"，让贫困群众在保护生态中获得可持续发展的能力，实现环境正义与社会正义的融合。

资本逻辑的生态悖论表明，工业文明的"黑色发展"模式已走到尽头。而人类文明新形态的核心在于从"以资本为中心"转向"以人民为中心"，构建"生态化的现代化"。人类文明新形态是超越资本主义文明的社会主义文明。中国通过"五位一体"总体布局，将生态文明建设融入经济、政治、文化、社会建设各领域，形成了"社会主义＋生态文明"的新型文明形态。这种文明形态既继承了工业文明的技术成就，又克服了其反生态的本质，实现了"文明的绿色化"与"绿色的文明化"的统一。在全球层面，中国提出

“人类命运共同体”，倡导共同应对气候变化等全球性挑战，推动构建公平合理的国际生态治理体系。这与资本主义国家转嫁危机的行径形成鲜明对比，彰显了社会主义文明的人民性、共享性与长远性，最终达成“人和自然界之间、人和人之间的矛盾的真正解决”。这既是对马克思主义生态思想的继承发展，也是人类文明迈向新形态的必由之路。

（二）自然辩证法的革命性超越

在工业文明高歌猛进的时代，人类曾以“支配自然”为使命，将自然视为可征服的对象。恩格斯在《自然辩证法》中深刻揭示了这一逻辑的荒诞性，当人类陶醉于对自然的“胜利”时，“自然界都报复了我们”。从伦敦烟雾事件到全球气候变暖，历史反复印证着恩格斯的警示。而塞罕坝林场的生态奇迹，则以实践宣告了一种范式革命，即从“支配自然”转向“共生进化”，正是破解生态危机的必由之路。

恩格斯的自然观以“人与自然的辩证统一”为核心，打破了机械论自然观的桎梏。他指出，人是“自然界的产物，是在自己所处的环境中并且和这个环境一起发展起来的”，劳动是连接人与自然的纽带。在资本主义生产方式下，劳动异化为“支配自然”的工具，资本家为追逐利润，将自然视为“取之不尽”的资源库与“用之不竭”的排污场，导致“人与自然的物质变换”断裂。这种“支配逻辑”不仅引发水土流失、物种灭绝等生态灾难，更将人类推向“与自然为敌”的危险境地。塞罕坝的蜕变是对辩证自然观的生动诠释。半个多世纪前，这里是“黄沙遮天日，飞鸟无栖树”的荒原。三代建设者遵循自然规律，通过“适地适树”“混交林种植”等科学方法，将荒漠变为林海。他们的实践证明，人类不是自然的“征服者”，而是生态系统的“协作者”。正如恩格斯所言，“我们对自然界的整个支配作用，就在于我们比其他一切生物强，能够认识和正确运用自然规律”。塞罕坝人正是通过尊重规律、顺应自然，实现了从“人进沙退”到“绿进沙退”的范式转换。

《自然辩证法》通过揭示辩证法是自然界、人类社会和思维发展的一般规律，将自然与人类历史统一起来，提出“人类与自然的和解以及人类本身的和解”（简称“两个和解”），以超越人与自然二元对立的视角来指导人类生产活动。可以说，“两个和解”的分析视角是科学理解《自然辩证法》生态价值观的关键。在资本逻辑主导下，“支配自然”不仅导致生态危机，更加剧了社会不公，发达国家通过“环境倾销”将污染转移至发展中国家，资本精英掠夺生态资源却让弱势群体承受后果。这种“生态殖民”本质上是“人与人异化”的延伸。中国式现代化秉持“生命共同体”理念，为全球生态治理提供了中国方案。塞罕坝精神的核心正是“共谋共生”，林场建设者不仅修复了生态，更创造了“生态－经济－社会”协同发展的模式。如今，每年释放氧气55万吨，创造生态价值超千亿，实现了“绿水青山就是金山银山”的辩证统一。这种价值观突破了“马尔萨斯陷阱”的局限——发展不再以牺牲自然为代价，而是通过技术创新与制度变革，实现“超越黑色发展”的绿色跃迁。

刘易斯·芒福德说：“煤与铁统治了古生代技术时期。到处是它们的颜色：浅灰、深灰直至黑色。黑色的料仓、黑色的烟囱管帽、黑色的马车或客车、炉膛的黑色铁框，用于烹饪的黑色锅、盘和炉子。……不论古生代技术时期的环境的本来颜色是什么，它很快就由于具有时代特征的煤烟或灰烬而褪色了，变成典型的肮脏的棕色、灰色或是黑色。英国新工业中心被恰当地称为黑色的家乡。1850年美国匹兹堡地区也出现类似的黑色，不久又出现在鲁尔区和里尔的周边地区。”工业文明的“黑色发展”依赖化石能源与线性经济，终将遭遇生态极限。恩格斯早已预言，“到目前为止的一切生产方式，都仅仅以取得劳动的最近的、最直接的效益为目的”，这种短视性必然导致“长远的自然报复”。摆脱这一陷阱，需要转向“绿色发展”，以可再生能源替代化石燃料，以循环经济替代线性增长，以公平分配替代贫富分化。塞罕坝的实践为绿色发展提供了范本。通过发展碳汇交易、森林旅游等生态产业，当地实现了“生态保护与民生改善”的双赢。绿色发展是“人与自然和谐共生的发展，是依赖绿色创新的发展”。在技术层面，光伏治沙、智能电网等创新正在重构人与自然的关系；在制度层面，“河长制”“生态补偿机制”等设计正在协调多元主体的利益。这些探索表明，共生进化不是回归原始自然，而是通过“人化自然”的合理调节，实现“最无愧于和最适合于人类本性的物质变换”。

“生态兴则文明兴，生态衰则文明衰”，从“支配自然”到“共生进化”

是一场涉及价值观、生产方式与文明形态的革命。恩格斯的《自然辩证法》为这场革命提供了理论武器，塞罕坝精神则展现了实践智慧。在全球生态危机加剧的今天，中国式现代化正以“生命共同体”理念引领范式变革。这不仅是对马克思主义生态思想的继承发展，更是人类文明走向新形态的希望之光。唯有以辩证思维把握人与自然的共生关系，以制度创新保障绿色发展，才能实现恩格斯所预言的“人类与自然的和解”，让文明在共生进化中永续传承。

二、重构人与自然的伦理价值关系

科尔曼曾指出，生态社会是一个公平正义的社会，在这个社会里，人们“追求一种健康的、愉快的、可持续的生活方式”。塞罕坝美好生态的展现实际上就是自然生态保持生机勃勃、繁荣发展的状态，绿色城市、绿色乡村、绿色产业有了实质性进步，海洋、荒野、原始森林等自然生态得到充分保护，生态功能区正常运转与发挥，生态环境资源越发富饶的美好社会。毋庸置疑，从“人类中心主义”到“生命共同体”的伦理革命，中国化的马克思主义生态文明思想既坚持了马克思主义的生态整体观，又对生态整体主义进行了理论上的创新和超越。

（一）人类中心主义的理论批判

早在 1972 年，《增长的极限》一书就揭示了工业化过程中的高污染、高消耗发展模式在有限的地球空间内难以实现可持续的发展，诸如伦敦烟雾、莱茵河“中毒”、西德森林枯死病等事件也表明西方通过污染而获取经济价值的现代化道路模式引发了生态危机。生态危机是价值异化的结果。这里的价值异化是人们为了获取“金山银山”而破坏“绿水青山”，在无法实现二者平衡的情况下，自然价值被人类价值所代替的结果。西方人类中心主义认为，自然是人们满足消费欲望的手段，从这个层面来说自然价值是一种消费性价值，人们的消费欲望无限膨胀使得自然沦为人类的工具。自然从本质上来说是一种非消费性价值，消费性价值掩盖了自然的本质，从而表现为人与自然关系的异化，这种二元对立的观点塑造了西方的现代化观念。

英国著名的绿色政治思想家安德鲁·多布森就明确指出，对人类中心主义的批判“在价值意义上将人类移开中心舞台方面也许是成功的，但人们总是会发现人类处在这一过程的核心”。这就说明，包括认识与改造自然在内的一切实践性活动，在现实性上都离不开人的参与，都是人的主体性活动。我国著名伦理学者樊浩也指出，人类只是当生态灾难扑面而来时，才使得自己沉睡的生态良知觉醒起来。这也说明，人类对于生态环境危机的反思与追问，依然是出于对自身生存与发展的关注与关怀，这依然具有人类中心主义的价值倾向。

在资本逻辑主导的现代文明进程中，人类中心主义将自然视为可无限索取的对象，导致人与自然关系的全面异化。这种异化不仅表现为生态危机的频发，更折射出伦理价值的扭曲。马克思、恩格斯对人类中心主义与自然中心主义二元对立的批判，为我们重构人与自然的伦理关系提供了重要启示，而塞罕坝精神的实践则为破解这一困境提供了生动范例。资本逻辑的本质是追求利润最大化，这使得自然被简化为有用性的集合体。马克思在《1844年经济学哲学手稿》中揭示，资本主义生产方式将劳动异化为商品，进而导致人与自然关系的异化，“劳动为富人生产了奇迹般的东西，但是为工人生产了赤贫。劳动生产了宫殿，但是给工人生产了棚舍。劳动生产了美，但是使工人变成畸形”。这种异化在生态领域表现为自然不再是生命的母体，而是资本增殖的生产资料。例如，工业革命以来，森林被砍伐为木材，河流被污染为排污场，矿产被挖掘为原料，自然的内在价值被彻底否定。

西方马克思学将马克思的自然观看作“人类中心主义”，认为其强调人对自然的征服，而将恩格斯的自然观看作“自然中心主义”，突出自然规律的制约性。这种对立论的本质，是割裂马克思主义自然观的整体性。事实上，马克思、恩格斯始终强调人与自然的辩证统一，马克思指出“人是自然界的一部分”，恩格斯警告“不要过分陶醉于我们对自然界的胜利。对于每一次这样的胜利，自然界都报复了我们”。二者从未将人类与自然对立，而是批判资本主义制度下因私有制导致的人与自然关系的扭曲。

在西方马克思学看来，无论是对于唯物主义哲学世界观的建构，还是对于辩证法的规定，都在马克思与恩格斯之间形成了专注于人类史研究和人类社会规律的揭示，以及局限于自然史研究和自然规律阐发的严格分工。例如诺曼·莱文在《可悲的骗局：马克思反对恩格斯》中认为，马克思坚持一种人与自然相互补充的自然观，其中人的能动性居于主导地位，恩格斯却只承认自然界的独立存在，将自然界“当作独立存在的东西来研究”。彼德洛维奇在《二十世纪中叶的马克思》中认为，恩格斯单方面强调自然界的自在生成性而忽视了对人类史的研究，马克思则对于人之外的自然界根本没有任何兴趣。兰德格雷柏认为，马克思从哲学观点出发提出“人类中心论”，恩格斯对于物质性的自然界的研究却导致了马克思主义的僵化与教条。科拉科夫斯基认为，恩格斯以自然史和自然进化规律来理解人类史和人类社会的发展规律，恩格斯的这种“自然中心主义”同马克思的“人类中心主义”是截然相反的两种学说。西方马克思学对于马克思、恩格斯对自然史与人类史的研究与阐发差别的这种主观强调，人为夸大了马克思与恩格斯之间的思想分歧，蓄意制造出了马克思、恩格斯自然观的对立。但透过马克思、恩格斯从事理论研究与思想阐发的历史线索与理论逻辑来看，所谓的研究分工事实上并非出自马克思与恩格斯的主观意愿，而是基于“历史条件和时代任务的变化以及无产阶级革命斗争的现实需要”，导致理论研究重心在不同阶段呈现出一定的历史差异性。

而塞罕坝林场的建设历程，是一部超越人类中心主义、重构人与自然伦理关系的史诗。20 世纪 60 年代，三代建设者在荒漠中植树造林，将“黄沙遮天日”的荒原变为“林海碧波万顷”的绿洲。这一实践的伦理价值在于：一是从“征服自然”到“共生共荣”的价值转向。塞罕坝人摒弃了“人定胜天”的单向度思维，遵循“尊重自然、顺应自然、保护自然”的理念。他们通过科学造林、护林，使森林覆盖率提升，重建了生态系统的自我修复能力。这种实践印证了马克思的论断——“不以伟大的自然规律为依据的人类计划，只会带来灾难”。二是从“个体利益”到“整体利益”的伦理升华。塞罕坝建设者牺牲个人利益，将“为子孙后代留下绿水青山”作为使命。这种超越资本逻辑下“原子化个体”的集体意识，体现了恩格斯所倡导的“真正共同体”的伦理追求，即人与自然的和谐，本质上是人与自然是“对象性的存在”，人与人、代际利益的协调。此外，资本逻辑的症结在于将自然价值等同于交换价值，而马克思强调自然的使用价值是人类生存的基础。塞罕坝的实践证明，保护自然生态系统的完整性，就是保护人类文明的根基。这要求我们确立“自然有价”的伦理共识，将生态成本纳入经济核算体系。正如马克思所预言的，共产主义是“人与自然之间、人与人之间矛盾的真正解决”。塞罕坝精神所蕴含的集体主义、奉献精神，正是迈向这一目标的伦理实践。它表明，只有打破资本对自然的垄断，建立以公有制为主体的生态治理体系，才能实现人与自然的真正和解。

资本逻辑下的人类中心主义导致了自然异化，而塞罕坝精神与马克思主义自然观共同揭示了人与自然的伦理关系重构本质上是一场社会关系的革命。它要求我们超越非此即彼的二元对立思维，以“生命共同体”的整体性视野重新定义发展的价值。唯有将自然视为“生命的母体”而非“资本的奴隶”，将人类视为“生态系统的一员”而非“自然的主宰”，才能走出一条人与自然和谐共生的新道路。这既是对马克思主义自然观的继承与发展，也是人类文明存续的必然选择。

（二）生态整体主义范式的跃升

生命共同体理念的理论建构，是马克思主义生态哲学与中国传统自然观在新时代的创造性融合，更是对生态整体主义范式的突破性跃升。这一过程既包含对人与自然关系的哲学重思，也蕴含着对人类文明发展路径的实践重构，塞罕坝精神的价值内核正是这一理论逻辑的生动注脚。生命共同体理念的哲学根基深植于马克思生态哲学与中国传统“天人合一”思想的交融之中。马克思指出，人与自然是“对象性的存在物”，人类通过劳动与自然进行“物质变换”，但资本主义生产方式导致了人与自然的异化。中国传统哲学则以“天人合一”“道法自然”为核，强调人与自然的共生共荣。塞罕坝的生态奇迹正是这种哲学智慧的当代实践，从“黄沙遮天日”到“林海碧连天”，三代人接力半个多世纪，将荒原变为林海，印证了马克思人化自然理论的实践逻辑，即通过尊重自然规律的劳动，实现人与自然的和解。

马克思的生态哲学实际上也是一种生态整体主义。马克思早就指出了这样一个简单事实，即人类实践活动“一边是人及其劳动，另一边是自然及其物质”。“自然界，就它本身不是人的身体而言，是人的无机的身体。人靠自然界生活。”这就深刻地揭示出，人与自然是不可分割的有机整体，人自身的身体并不是整全意义上的身体，只有与自然融为一体，实现人的有机身体与无机身体——自然的密切连接，人才能成为健全意义上的人。然而人是有主体意识的存在物，人把自然界当作劳动对象，有目的、有意识地利用自然、改造自然。正是人类利用自然、改造自然的实践活动，即马克思谓之“自然人化”的活动，使自然的某些部分慢慢衍生和创造出包含人类物质活动成果和精神活动成果的“人化自然”。当然，人类在实践活动中可以充分发挥主观能动性，但“人在生产中只能像自然本身那样发挥作用，就是说，只能改变物质的形态”，但无法改变物质的本质。也就是说，人类的实践活动每时每刻地受到自然界的制约。不过，随着人对自然的认识日益深化，人与自然之间真正意义上的互通日益深化和紧密，人从自然界也获得了更加丰富的物质资料和精神资料。实践恰恰是人与自然之间的中介，人在遵循自然规律和发挥主观能动性的条件下，实现了人的生命与自然生命有机体的协调统一。马克思的上述思想，可以说是对生态整体主义及生命共同体内容的鲜明表达，也为后来生态整体主义及其生命共同体理论的正式出场奠定了基础。

生态整体主义在此基础上超越了人类中心主义与自然中心主义的二元对立，提出“生命共同体”作为最高价值单元。生态整体主义的精义在于“人与自然是个生命共同体”，每一生命体都有平等的生存发展权利。塞罕坝人以“侍天地”的生态责任精神，将荒山秃岭修复为生态屏障，正是对这一哲学理念的具象化表达，他们不仅守护了森林生态系统的完整性，更通过实践证明，人类对自然的责任反哺最终会转化为人类自身的生存福祉。

生命共同体理念的科学内涵体现在四个维度的辩证统一上：一是历史唯物主义的生态文明观。以塞罕坝为例，其从“砍树取材”到“种树护绿”的转变，印证了文明兴衰与生态环境的因果关系。历史上，古巴比伦文明因过度开垦而消亡，中华文明因“斧斤以时入山林”的智慧延续至今。生命共同体理念继承马克思“自然解放是人类解放前提”的思想，将生态保护纳入社会发展的历史进程，强调“绿水青山就是金山银山”的发展逻辑。二是唯物辩证的生态发展观。塞罕坝的治理实践彰显了经济发展与生态保护的辩证统一。初期“以粮为纲”导致生态恶化，后期“生态优先”带动旅游、林业等绿色产业崛起，实现了从“绿水青山”到“金山银山”的价值转化。这一过程印证了毕长新、史春林提出的“重点论与两点论统一”，在生态承载力范围内寻求发展，使生态保护成为经济高质量发展的新动能。三是公平和谐的生态伦理观。生态伦理的核心是重塑人与自然的道德关系。塞罕坝人践行“尊重生命的绿色价值观”，将树木视为生命共同体的平等成员，通过“护林防火”“物种多样性保护”等行动，构建了“真、善、美”的生态美德观。同时，区域间生态补偿机制的建立，如京津冀协同发展中的生态受益区对塞罕坝的经济反哺，体现了“增进民生福祉的环境正义观”。四是造福人类的生态合作观。在全球气候危机面前，生命共同体理念倡导“人类命运共同体”与“自然生命共同体”的协同治理。塞罕坝林场与国际组织合作开展碳汇交易，为全球生态治理提供中国样本，正是生态合作观的国际延伸。自此，“四个统一原则”在此交汇，以人为本与以自然为本的统一，使生态治理既保障当代人福祉，又惠及子孙后代；社会正义与生态正义的统一，推动全球资源分配向公平化、可持续化迈进。

而生态整体主义在生命共同体理念中实现了三重跃升：一是从价值独断到关系重构。传统人类中心主义将自然视为工具，生态整体主义则赋予自然内在价值。塞罕坝的变迁证明，自然不仅是资源库，更是生命母体。当人类以共同体成员身份参与自然修复，而非以征服者身份掠夺资源时，人与自然的关系从对立走向共生。二是从局部治理到系统思维。塞罕坝的生态系统治理涵盖“山水林田湖草”全要素，森林固土、湿地保水、草原养畜，形成完整的生态链条。这与习近平总书记提出的“生命共同体”系统观高度契合，超越了单一要素治理的局限，实现了生态系统的整体性保护与修复。三是从区域实践到全球方案。塞罕坝精神从中国走向世界，成为全球生态治理的典范。其“生态优先、绿色发展”的理念，为发展中国家破解“发展与保护”悖论提供了路径；“政府主导、社会参与”的治理模式，为全球环境治理体系改革贡献了中国智慧。

更为重要的是，生命共同体理念的理论建构，既是对生态整体主义的继承与超越，更是马克思主义生态哲学中国化的最新成果。塞罕坝精神以实践印证了这一理论的科学性，当人类将自身命运与自然命运视为一体，以伦理自觉替代利益驱动，以系统思维超越短视行为时，方能实现从征服自然到共生共荣的文明转型。这一范式跃升不仅关乎中国生态文明建设，更为人类应对生态危机、实现永续发展提供了哲学指引与实践方案。

第二节　推进人类命运共同体的大国责任与担当

中国人民作为全球生态场域的受用者，必须具有强烈的命运共同体意识和生态责任担当。“生态社群是以对家园的新理解为基础的，它设想的家园不是供下榻的豪宅，而是供生活的场所，是一个社会与自然交融合一的地方，是一个我们珍惜与归属的地方。”而塞罕坝区域治理及其精神谱系的建构正是这种技术普惠、制度革新与价值输出的立体化实践，既彰显了中国作为全球生态文明建设者的责任伦理，更以东方智慧重构着人类文明新形态的生态维度。

一、技术方案的全球共享

国际社会应秉持人类命运共同体理念，坚持共商共建共享的全球治理观，推动共建公平合理、合作共赢的全球生态治理体系，携手建设生态友好型世界经济。文明兴废系于生态兴衰。党的十八大以来，以习近平同志为核心的党中央围绕“世界怎么了，我们怎么办？”这一世纪之问，在生态建设实践中逐渐形成了习近平生态文明思想。其中，聚焦全球生态治理的共谋全球生态文明建设是习近平生态文明思想的重要组成部分。

（一）国际生态治理体系的中国方案

塞罕坝的蜕变不仅是中国生态文明建设的缩影，更是社会主义制度下生产力全球化的生动实践。它以“技术共享、生态普惠、文明互鉴”的路径，打破了资本逻辑主导的“环境殖民”旧秩序，为重构公平合理的国际生态治理体系提供了中国方案。塞罕坝的逆袭始于对“人与自然和谐共生”理念的坚守。在年均气温零下1.4摄氏度的极端环境中，建设者们攻克了高寒地区引种造林、樟子松全光育苗等技术难题，创造了“荒原变林海”的绿色奇迹。这一过程中凝练的塞罕坝精神，核心是“牢记使命、艰苦创业、绿色发展”，它突破了资本主义“利润至上”的生产逻辑，展现了社会主义制度集中力量办大事、着眼长远谋发展的制度优势。与西方工业化进程中“先污染后治理”的老路不同，塞罕坝的实践证明，生态保护与经济发展可以实现辩证统一。通过发展林下经济、生态旅游、碳汇交易等绿色产业，塞罕坝森林资源总价值达200亿元，年碳汇量超74万吨，真正实现了“绿水青山就是金山银山”。这种将生态效益转化为经济效益、社会效益的模式，为全球南方国家提供了生态脱贫的可行路径，彰显了社会主义生产力发展的人民性与普惠性。

此外，习近平提出的绿色治理观，是塞罕坝精神的理论升华，其核心在于以技术共享破解环境公地悲剧，以制度创新推动全球生态正义。在国内层面，中国构建了“最严格的生态环境保护制度”，将生态文明纳入“五位一体”总体布局，建立河湖长制、生态补偿机制、碳排放权交易市场，划定生态保护红线。2013—2022年，中国单位GDP能耗下降26.4%，可再生能源装机量突破12亿千瓦，风电、光伏装机量均居世界第一。这些举措打破了环保技术垄断的资本逻辑，通过自主创新与技术共享，中国光伏组件价格10年间下降超90%，风电度电成本下降40%，为全球清洁能源普及提供了中国成本。在国际层面，中国以“共同但有区别的责任”原则为基础，推动技术转移与能力建设。截至2023年，中国已在亚非拉国家实施200多个低碳项目，为120多个国家培训3000余名应对气候变化的人才。例如，在非洲建设的“绿色长城”项目中，中国提供耐旱植物培育技术、太阳能提水设备，帮助当地修复退化土地100万公顷。这种“授人以渔”的技术共享模式，与西方“技术殖民”形成鲜明对比，美国曾要求发展中国家支付高额专利费才能使用碳捕捉技术，而中国将风电、光伏核心技术纳入“一带一路”技术共享清单，推动发展中国家以更低成本实现绿色转型。

面对全球生态治理中的“南北鸿沟”，中国以“技术＋标准＋资金”三位一体的方案，推动构建公平合理的国际秩序。诚然，生态治理深刻影响着生产力的构成的配置方式。当西方将环保技术作为武器遏制发展中国家时，中国以技术共享重构了发展权平等的全球秩序。截至2023年，中国新能源汽车产量占全球60%，动力电池产能占全球70%，却将30%的产能布局在亚非拉国家，带动当地就业超50万人。这种“共生型生产力”模式，使全球南方国家得以绕开“高碳工业化”陷阱，以更低成本、更高效率实现绿色发展。在气候变化巴黎大会上，习近平指出：“保护生态环境，应对气候变化，维护能源资源安全，是全球面临的共同挑战。”中国的实践证明，社会主义生产力的全球化不是资本的扩张，而是文明的共生。这既是对马克思“自然生产力”理论的时代诠释，更是对全球治理体系变革的中国贡献。

（二）绿色低碳技术赋能生态环境治理秩序

在内蒙古高原与华北平原的过渡地带，塞罕坝林场的百万亩林海犹如一道绿色长城，不仅锁住了风沙、涵养了水源，更以其跨越半个世纪的生态奇迹，诠释了中国共产党领导下的生态文明建设哲学。塞罕坝人用三代人的青春与汗水凝练出“牢记使命、艰苦创业、绿色发展”的塞罕坝精神，这一精神既是中国生态文明建设的精神丰碑，更是数字时代绿色低碳技术赋能全球生态治理秩序的价值原点。这一生态修复奇迹，本质上是科学精神与奋斗精神的融合结晶。20世纪60年代，第一代塞罕坝人在极端恶劣的自然条件下，通过人工选育耐寒、耐旱的落叶松、樟子松等树种，创造性地采用人工造林与自然修复相结合的技术路径，突破了在高寒地区大面积造林的技术难题。这种尊重自然规律、勇于技术创新的实践，为当代绿色低碳技术发展提供了深刻启示：生态治理不是简单的技术移植，而需要将技术逻辑与生态逻辑相统一。

在数字技术赋能的今天，塞罕坝的生态监测体系已实现天空地一体化：卫星遥感实时监测森林覆盖率与病虫害，无人机巡航精准定位火源，土壤传感器动态采集墒情数据，5G网络将分散的监测点连成智慧化治理网络。这些技术的应用不仅提升了治理效率，更延续了塞罕坝人“精准造林、科学管林”的治理传统。数据显示，塞罕坝林场通过物联网技术实现节水灌溉，较传统方式节约用水30%以上；基于大数据的森林碳汇核算体系，使其每年碳汇量超过74万吨，成为“绿水青山就是金山银山”的生动实践。

习近平提出的“山水林田湖草是生命共同体”理念，构成了中国特色生态治理的哲学基础。在塞罕坝的实践中，这种系统性治理思维与数字技术深度融合，形成了“监测—分析—决策—执行”的闭环治理体系。例如，通过建立森林生长模型，技术人员可模拟不同气候条件下的林分结构变化，为科学抚育提供依据；运用数字孪生技术，可直观呈现流域内水土保持与生物多样性的动态关系，优化生态补偿机制。低碳技术的推广应用正在重塑传统治理模式。以《国家重点推广的低碳技术目录（第五批）》为例，103 项技术涵盖能源转型、碳捕集、数智赋能等领域，其中钢铁行业氢基竖炉低碳炼铁技术可降低碳排放 40% 以上，基于数字孪生的建筑碳排放管理系统实现了建筑全生命周期碳减排。这些技术不仅是生产力的革新，更是治理理念的革新——它们打破了末端治理的局限，将低碳理念融入生产、生活的全过程，推动形成“源头减碳、过程控碳、末端固碳”的系统性治理格局。

塞罕坝精神的世界意义，在于其证明了生态治理的中国方案具有全球普适性。从非洲的“绿色长城”项目到东南亚的红树林修复工程，中国低碳技术正走出国门，为全球生态治理提供支撑。例如，中国援建的埃塞俄比亚东方工业园采用智能微电网技术，可再生能源占比达 60%；在巴基斯坦，基于北斗卫星的荒漠化监测系统帮助当地精准划定治沙区域。这些实践不仅是技术输出，更是治理经验的共享。《巴黎协定》框架下，中国积极推动“南南合作”，通过设立气候变化南南合作基金，已向 120 多个发展中国家提供低碳技术援助。在第七届数字中国建设峰会上，中国发布的生态环境大数据国际共享平台整合了全球 150 多个国家的环境监测数据，为跨国污染治理提供了技术支撑。这种“技术 + 方案”的输出模式，超越了传统的资源掠夺型发展路径，体现了“授人以渔”的治理智慧。

站在新的历史方位，塞罕坝精神与绿色低碳技术的深度融合，正在创造一种新的治理文明形态。它既传承了中华文明“天人合一”的哲学智慧，又注入了数字化时代的创新活力；既解决了中国生态治理的现实问题，又为全球环境治理提供了可复制、可推广的中国方案。当内蒙古的风电叶片与非洲的太阳能板在同一片蓝天下工作，当塞罕坝的智慧林场系统与亚马孙的雨林监测网络实现数据互通，人类命运共同体的生态图景正从理想照进现实。这既是对塞罕坝精神的时代诠释，更是中国对构建清洁美丽世界的庄严承诺。

二、制度创新的国际启示

党的十八大以来，以习近平同志为核心的党中央把生态文明建设作为关系中华民族永续发展的根本大计，统筹加强生态文明顶层设计和制度体系建设，开展一系列开创性工作、推进一系列变革性实践、取得一系列突破性进展、形成一系列标志性成果，生态文明领域国家治理体系和治理能力现代化水平明显提升。党的二十届三中全会通过的《中共中央关于进一步全面深化改革、推进中国式现代化的决定》，对新时代新征程深化生态文明体制改革作出重大部署，充分体现了以习近平同志为核心的党中央对生态文明建设的高度重视和战略谋划，彰显了生态文明制度体系在中国特色社会主义制度和国家治理体系中的重要地位。塞罕坝区域治理内的一系列制度创新不仅促进了生态环境保护与修复、推动了当地经济多元化发展、优化了资源配置、提高了资源利用效率、促进了区域协调发展，还增强了公众的环保意识。

（一）集体林权制度改革下的生态权益交易实践

生态文明制度体系实现系统性重塑。坚持全方位布局、系统化构建、多层次推进，用最严格制度最严密法治保护生态环境。生态文明载入党章和宪法，制定、修订《中华人民共和国环境保护法》及30余部生态环境法律法规，中共中央、国务院印发实施《关于加快推进生态文明建设的意见》《生态文明体制改革总体方案》及几十项具体改革方案，逐步建立起自然资源资产产权制度、国土空间开发保护制度、空间规划体系、资源总量管理和全面节约制度、资源有偿使用和生态补偿制度、环境治理体系、环境治理和生态保护市场体系、生态文明绩效评价考核和责任追究制度等基础制度，中国特色社会主义生态环境保护法律体系和生态文明“四梁八柱”性质的制度体系基本形成。在生态文明建设与“双碳”目标的战略背景下，集体林权制度改革与生态权益交易的深度融合，正成为破解生态保护与经济发展矛盾的关键路径。塞罕坝林场作为全球生态治理的典范，其半个世纪的造林护林实践不仅孕育了“牢记使命、艰苦创业、绿色发展”的塞罕坝精神，更在林权制度改革与生态产品价值实现领域提供了极具借鉴意义的中国方案。这一实践与权释理论框架下的生态产权界定、农民权益保障及治理结构优化形成了深度呼应，为全球生态治理体系改革提供了范式突破。

“草木植成，国之富也。”良好生态本身蕴含着经济社会价值。2021 年，中共中央办公厅、国务院办公厅印发《关于建立健全生态产品价值实现机制的意见》等重要文件，从国家层面对生态产品价值实现机制进行了系统性、制度性阐述。塞罕坝蜕变为“河的源头、云的故乡、花的世界、林的海洋”，本质上是通过林权制度改革实现生态产品价值的典型案例。在集体林权制度改革中，塞罕坝通过“三权分置”将林地所有权、承包权、经营权清晰界定，创新推行“国有林场＋集体林”协同管理模式，既保障了国有森林资源的生态功能，又激活了周边集体林的经济价值。这种产权明晰的制度设计，使生态保护与经济收益形成正向循环，农民通过参与碳汇交易、生态旅游等项目，实现了从“砍树人”到“看树人”的身份转变，直接印证了权释理论中所有权明晰促进资源价值显化的核心逻辑。

马克思在《国际工人协会章程》中指出“没有无义务的权利，也没有无权利的义务”，权利与义务是紧密相连、不可分割的。正如权利与义务一般，生态权益与生态责任也是紧密联系在一起的，二者是密不可分的。享有生态权益，必须以承担生态责任为前提。作为社会成员应遵循的价值理念与行为规范，生态正义强调在社会基本制度的框架之下，要对自然资源和生态权益进行合理的分配与适当的安排。新时代中国特色社会主义生态文明建设过程中，生态权益的获取以承担生态责任为条件，生态责任的明晰要以规范生态权益为前提。

塞罕坝的成功实践揭示了生态权益交易的关键在于构建市场化的价值实现机制。通过建立林业碳汇交易平台，塞罕坝将森林固碳量转化为可交易的碳资产，仅 2023 年就完成碳汇交易金额超 1.2 亿元。这种将生态效益转化为经济效益的路径，既符合“绿水青山就是金山银山”的发展理念，也验证了权释理论中产权细分引导多元主体参与的假说。农民通过持有碳汇收益权，实现了剩余索取权与监督权的匹配，有效避免了公地悲剧与精英俘获，保障了生态产品价值的公平分配。在国际视野下，塞罕坝模式与加拿大森林碳汇信用体系、德国近自然林业管理理念形成了跨文化对话。加拿大阿尔伯塔省通过立法确立森林碳汇的产权属性，允许林场主通过碳汇交易获取收益，这与塞罕坝的碳汇交易机制具有异曲同工之妙。德国巴伐利亚州的国有林场管理经验表明，通过立法明确生态保护的公共责任与经济开发的私人权益边界，能够实现生态产品的多重价值。这些国际经验为中国生态产权制度改革提供了重要启示：生态权益交易需要在法律框架下建立统一的认证标准、交易规则与监管体系，确保产权的排他性、可转让性与强制性。塞罕坝的制度创新更体现在治理结构的重塑上。通过建立“政府主导、市场运作、社会参与”的多中心治理模式，塞罕坝将传统的行政指令转化为市场激励与社会监督的协同机制。政府通过制定生态补偿政策、搭建交易平台发挥引导作用，市场主体通过技术创新与资本投入实现资源优化配置，社区居民通过参与决策与监督保障自身权益。这种治理结构与权释理论中社会资本积累与政府合理干预的结合高度契合，为生态治理中的“搭便车”问题提供了中国方案。

生态资源权益交易是生态产品价值实现的重要途径，属于生态产品经营开发机制的一种表现形式。生态资源权益交易将生态资源转换为经济高质量发展的生产要素，在界定相关要素产权的基础上，通过交易将其使用价值转化为真实的市场价值，既实现了生态资源权益的价值变现，又引导其向低污染、低消耗和高附加值的行业和企业流转，达到优化配置和价值增值的双重目的。目前，我国生态资源权益交易实践样本主要包括碳排放权、排污权、用能权、用水权等交易。在“双碳”目标引领下，集体林权改革与生态权益交易的深度融合正推动着一场全球性的绿色变革。塞罕坝的实践证明，生态产品价值实现不仅需要技术创新，更依赖制度创新。通过产权制度优化与治理机制重塑，中国正在探索一条生态保护与经济发展双赢的新路径。这一实践不仅为发展中国家提供了生态治理的东方智慧，更向全球证明生态文明建设不是经济发展的负担，而是高质量发展的新动能。在未来的改革中，我们需要进一步深化产权制度改革，完善生态权益交易市场，加强国际经验交流，让塞罕坝精神在全球生态治理中绽放更加璀璨的光芒。

（二）走向全球生态正义的人类命运共同体

生态正义不仅是重要的生态伦理学议题，也是关乎人类如何运用政治智慧和制度安排，更好实现人与自然和谐共生的重大政治哲学命题。“人与自然是生命共同体，人类必须尊重自然、顺应自然、保护自然。”人类只有将关于生态价值的理性考量纳入实践活动之中，才可能实现人与自然的正义之境，从而推进人类社会的可持续发展。在党的二十大报告中，习近平指出：“人与自然是生命共同体，无止境地向自然索取甚至破坏自然必然会遭到大自然的报复。”这一观点是对人与自然关系的正确认识，是对生态文明建设基本规律的科学把握，是生态正义思想核心要义之一。在全球生态危机不断加剧的背景下，构建人类命运共同体成为破解生态困局、实现生态正义的重要理念支撑与实践指引。这一理念与塞罕坝精神所蕴含的价值追求高度契合，共同为全球生态治理注入强大动力，推动人类迈向生态正义的未来。

习近平提出的“人类命运共同体”战略思想，为全球生态正义的实现提供了具有创造性的价值遵循。一方面，人类命运共同体理念是以人类利益的整体性和长远性为终极目标并根植于中国特色社会主义制度中的战略抉择，另一方面，人类命运共同体充分考虑到国内外形势，与当代国内外实践同频共振，在当前全球化格局即社会主义与资本主义长期共存中，从共同体意识的培育、绿色发展方式的变革、生态治理格局的刷新等维度推动全球生态正义的形成。塞罕坝精神是对生态正义的生动诠释。塞罕坝人在“黄沙遮天日，飞鸟无栖树”的荒漠沙地上，凭借“牢记使命、艰苦创业、绿色发展”的精神，创造了荒原变林海的人间奇迹。他们以坚定的信念和不懈的努力，恢复和保护了生态环境，不仅实现了当地生态系统的平衡与稳定，也为全球生态安全作出了贡献。塞罕坝的实践证明，人类能够通过自身的努力和担当，实现人与自然的和谐共生，这正是生态正义的核心价值所在。塞罕坝精神为全球生态治理提供了宝贵的精神动力和实践范例，激励着各国共同应对生态挑战。

生态正义是关于人与自然和谐共生的一个重要生态哲学范畴，在工业文明的发展过程中，当人类的欲望超过了自身所能控制和拥有的资源，生态正义的问题就在正义问题中凸显出来。人们在理论与实践中不断寻求解决环境问题方案的过程，也是正义理论在生态领域不断发展与运用的过程。马克思、恩格斯生态正义思想为中国化生态正义思想提供了丰富的理论滋养和思想启示。不同于以往的思想家们要么单纯站在生产的角度去谈论生态保护的益处，要么单纯站在理念的维度去指责人对自然的索取，马克思、恩格斯站在生态正义的视角对人与自然的关系作了论述，他们从物质角度谈论了自然于人的载体关系，从社会角度而非仅是生产角度剖析了人与自然联系断绝的根源，从理念角度论述了人对于自然的需要，更从人自身全面发展的角度指明了人与自然的携手解放是共产主义的实现路径。

至此，以人类命运共同体理念推动全球生态正义，是时代的必然选择。当前，全球生态形势不容乐观，生态非正义现象层出不穷。在资本逻辑的主导下，无节制的生产与消费导致生态资源的极大浪费，发达资本主义国家向发展中国家转嫁生态危机，并极力推卸生态治理责任，严重破坏了全球生态平衡，威胁着人类的生存根基。面对这些问题，人类命运共同体理念为全球生态治理提供了新的思路和方法。在中国特色社会主义新时代，生态责任本身融注了党和政府对人与自然关系的深层政治考量，它本然地表征为要对自然生态尽责，要对我国社会的根本利益和持久发展尽责。

在价值观层面，人类命运共同体理念倡导树立正确的自然观，认识到人与自然是生命共同体，人类的生存与发展离不开自然的滋养和支持。习近平指出“生态环境保护是功在当代、利在千秋的事业”，这一论述指出了生态环境保护的重要性，也内蕴实现代际生态正义的重要性。推动代际生态正义的实现，要尊重并保障代内生态正义，因为代内正义是实现代际正义的基础和前提，要在实现代内正义的基础上以可持续发展促进代际正义实现。同时，强调生态环境保护与经济发展的辩证统一，“绿水青山就是金山银山”，只有实现两者的协调共进，才能实现可持续发展。此外，秉持系统思维，统筹生态治理，充分考虑生态系统的整体性和关联性，避免片面和短视的行为。这些理念有助于重塑全球生态正义价值观，引导各国摒弃传统的发展模式，转向绿色、可持续的发展道路。

在利益观方面，人类命运共同体理念超越了资本逻辑“赢者通吃”的狭隘思维。资本主义的发展模式往往以牺牲他国的生态环境为代价，追求自身利益的最大化。而人类命运共同体理念追求人类整体利益和长远利益，主张各国在生态治理中寻求利益交汇点，构建生态利益共同体。各国应摒弃利己主义，秉持合作共赢的原则，共同维护全球生态安全，共享生态发展成果，实现生态利益的公平分配。

在责任观上，人类命运共同体理念强化了国际社会在生态治理中的共同责任，呼吁各国携手合作，共同应对生态危机，反对任何国家推卸责任。"共同责任"是在共享全球生态权益的理念基础上建立起来的。在全球生态环境问题面前，人类是荣辱与共的命运共同体。地球生态系统是一个相互联系、相互影响的有机整体，一个国家的资源可以通过现代化交通方式输送至其他国家，同理，一个区域的污染也会随着生态系统的运行而转移或影响到其他区域，全球各国不论经济发展水平高低、人口数量多少，都有平等享受生态环境和获取环境资源的权利，都应该承担起共同保护地球生态环境的责任，生存于同一个生态环境中，人类没有推脱责任的资格。"国际社会应该携手同行，共谋全球生态文明建设之路。"同时，充分考虑各国在历史责任、发展阶段和应对能力上的差异，强调有区别的责任原则。发达国家在历史上对生态环境造成了较大破坏，且拥有雄厚的经济实力和先进的技术，应承担起主要的生态治理责任；发展中国家虽然整体实力相对较弱，但也应根据自身能力，积极参与全球生态治理，承担相应的责任。中国作为最大的发展中国家，积极践行人类命运共同体理念，扎实推进生态文明建设，承诺"双碳"目标，为全球生态治理贡献了中国智慧和力量。

总之，走向生态正义的人类命运共同体，需要各国共同努力。塞罕坝精神与人类命运共同体理念相互呼应，为全球生态治理提供了强大的精神动力和实践指南。各国应深刻理解和践行人类命运共同体理念，以实际行动推动全球生态正义的实现，共同构建一个清洁美丽的地球家园，让人类在生态正义的光辉下实现可持续发展。

三、文明对话的中国贡献

生态环境攸关人类存续，生态文明攸关人类发展。习近平生态文明思想坚持共谋全球生态文明建设之路，强调“面对生态环境挑战，人类是一荣俱荣、一损俱损的命运共同体，没有哪个国家能独善其身”。塞罕坝生态治理打造了全球生态治理的样板，为推动构建地球生命共同体、共建清洁美丽世界奠定了坚实基础。新时代以人类命运共同体理念筑牢共同体意识、赓续全球生态治理布局均超越了西方人类中心论和生态中心论的理论特质，继承并发展了马克思主义生态哲学，从生命的视野出发强调了人与自然、与其他生命体共生共存共荣的辩证统一关系，回应了当今世界人与自然、与其他生命个体“应如何相处、怎样相处”的时代命题，坚持以整体性、系统性思维把握人与自然的关系，为人与自然、与其他生命个体的和谐相处提供了价值导向与实践方案。

（一）以人类命运共同体理念筑牢共同体意识

“人与自然的关系是人类社会最基本的关系”，它贯穿人类生存与发展的始终，是生态哲学领域最基础的关系问题。这一问题首先指向的便是如何看待自然本身以及如何正确认识人类生命与其他自然生命的关系。基于对这一关系问题的理论思考以及破解全球性生态危机的现实需要，习近平提出了“人与自然是生命共同体”这一具有中国特色与中国智慧的生态文明建设新理念。它从生命视野出发考察生态问题，赋予了自然生态系统“生命”的属性特征，并将共同体理论创造性地运用于解决生态问题，勾勒了人与自然中其他生命共生共存的共同体图景，为满足人民群众对于美好生活的生态需求、推进全球生态治理提供了切实可行的中国方案。

在全球生态危机日益加剧的今天，人类社会正面临着前所未有的生存挑战。气候变化、生物多样性丧失、资源枯竭等问题，不仅威胁着地球生态系统的平衡，更深刻揭示了人类文明发展模式的根本性矛盾。习近平提出的“人类命运共同体”理念，为破解这一困局提供了全新的哲学范式与实践路径。这一理念超越了西方中心论的“主客二分”思维，将人与自然、人与社会、人与人的关系置于共生共荣的整体框架中，以生命共同体意识重构全球生态正义的根基。塞罕坝精神的实践典范、“生命共同体”理念的生态哲学意蕴，以及人类命运共同体的价值共识，共同成为了新时代生态文明建设的理论支撑与行动指南。

塞罕坝林场的建设奇迹，是中国共产党领导人民践行生态文明理念的生动写照。半个多世纪以来，三代塞罕坝人在荒漠上接力造林，将“黄沙遮天日，飞鸟无栖树”的荒原变为“河的源头、云的故乡、花的世界、林的海洋”。这一壮举不仅创造了生态修复的世界奇迹，更深刻诠释了“生命共同体”理念的实践价值。塞罕坝精神的核心在于对自然规律的尊重与顺应。建设者们摒弃了征服自然的短视思维，以“天人合一”的智慧，将造林工程视为人与自然对话的过程。他们通过科学规划、系统治理，实现了生态系统的自我修复与良性循环。这种实践不仅重塑了区域生态平衡，更在全球范围内树立了“绿水青山就是金山银山”的发展典范。塞罕坝的成功证明，人类与自然并非对立的主客体，而是休戚与共的生命共同体。只有将生态保护纳入人类文明发展的整体进程，才能实现永续发展的目标。

“生命共同体”理念的提出，是对马克思主义生态哲学的继承与发展。它从生命的视角重新定义人与自然的关系，强调生态系统的有机性、生成性与系统性。在本体论层面，该理念突破了传统哲学的二元对立思维，将自然视为具有内在价值的生命主体。人与自然同为对象性存在物，通过实践活动实现物质、能量与信息的交换，形成共生共荣的动态平衡。生态和谐是“生命共同体”理念的核心追求。这一和谐包含三重维度：自然内部各要素的共生共荣、人与自然的和谐共处、人与人的协同共建。自然生态系统是一个由山水林田湖草构成的有机整体，任何要素的破坏都会引发连锁反应。人类作为生态系统的一部分，必须摒弃“人类中心主义”的傲慢，以“像对待生命一样对待生态环境”的态度，实现与自然的和解。同时，生态危机的根源在于社会关系的异化，只有通过构建公平正义的社会制度，才能从根本上消除生态破坏的深层动因。在方法论层面，“生命共同体”理念倡导系统思维与全球协作。面对气候变化等全球性问题，任何国家都无法独善其身。“人因自然而生，人与自然是一种共生关系。”“生命共同体”理念将人与自然视为不可分割的、和谐统一的有机生命躯体，坚持把“人与自然和谐共生”视为处理人与自然关系最基本的原则。只有坚持整体性、协同性原则，将生态文明建设融入经济、政治、文化、社会各领域，才能形成生态治理的强大合力。塞罕坝精神的实践表明，通过制度创新、科技支撑与文化引领的多维度协同，人类完全有能力实现生态保护与经济发展的双赢。

对生态问题中的生命的认知在不同的文化语境与历史背景下呈现出一定的差异，但也表现出内在发展逻辑的连贯性。人类命运共同体理念为全球生态治理提供了价值遵循。它超越了西方“普世价值”的抽象性，以“和平、发展、公平、正义、民主、自由”的共同价值为基础，倡导文明对话与合作共赢。在全球气候谈判、生物多样性保护等领域，中国始终秉持“共商共建共享”原则，推动构建新型国际关系。通过“一带一路”绿色发展北京倡议、南南合作等平台，中国将生态文明理念转化为切实行动，为发展中国家提供技术支持与经验借鉴。构建人类命运共同体，需要培育全球生态责任意识。各国应摒弃“零和博弈”思维，以地球村的整体视角应对生态挑战。在这一过程中，中国传统文化中的“和合共生”智慧展现出独特价值。“道法自然、天人合一”的理念，与马克思主义“真正共同体”的思想交相辉映，为全球生态治理提供了东方智慧。通过国际组织、非政府机构等多元主体的协同参与，人类正在逐步形成生态保护的全球共识。

思想观念决定一个人的行为，进而积习成性。绿色发展需要全新的思维方式和全社会的“生态自觉”。通过深刻反省人在自然界中的角色，形成现代的天人互益和谐观，让生活需求源于自然又顺乎自然，使人与自然共存共荣、相得益彰，并以绿色发展推动“五位一体”总体布局的全面落实。人类文明的未来，取决于能否将生命共同体意识转化为全人类的共同行动。塞罕坝精神的实践启示我们，生态修复不仅是技术问题，更是价值观念与发展模式的深刻变革。“生命共同体”理念的哲学阐释，为破解生态危机提供了理论武器。而人类命运共同体的构建，则为全球生态正义指明了实践方向。在新的历史征程中，唯有坚持人与自然和谐共生，以共同体意识凝聚全球力量，才能书写人类文明永续发展的新篇章。

（二）以人类命运共同体理念赓续全球生态治理布局

全球生态治理进程不断推进，既反映了国际社会面对生态挑战的行动力量，也体现了国际关系格局的演变。2017 年 1 月 18 日，中国国家主席习近平在联合国日内瓦总部发表重要演讲，呼吁共同构建人类命运共同体，提出坚持对话协商、共建共享、合作共赢、交流互鉴、绿色低碳的构建之路，强调遵循主权平等、沟通协商、法治正义、开放包容、人道主义的国际关系基本原则。从人类命运共同体视角来看，全球生态治理包含了主权、沟通、法治、开放和人道主义等基本维度，反映出国际关系不断变化中的生态治理之路。在此基础上，人与自然生命共同体理念应运而生，进一步为全球生态治理提供了中国方案。

在全球生态危机日益严峻的背景下，人类命运共同体理念为破解生态治理困境提供了中国智慧与方案。这一理念超越了传统霸权逻辑，倡导主权平等、合作共赢的全球治理观，其核心在于将生态正义与人类共同命运紧密结合，推动各国在生态领域的协同行动。塞罕坝精神作为中国生态文明建设的生动实践，正是这一理念的具象化表达，彰显了集体行动与长期主义在生态治理中的价值。

塞罕坝的蜕变，不仅是生态修复的奇迹，更是人类命运共同体理念的微观映射。三代塞罕坝人以“功成不必在我，功成必定有我”的信念，通过持续半个多世纪的努力，将荒漠变为绿洲，为全球生态治理提供了“生态优先、绿色发展”的中国样本。这一实践表明，生态治理需要超越短期利益博弈，以全人类共同福祉为出发点，通过代际传承与跨国协作实现可持续发展。塞罕坝精神所蕴含的“人与自然和谐共生”哲学，与人类命运共同体理念高度契合，为全球生态治理注入了文化动力。

人与自然生命共同体理念贡献全球生态治理，必须遵循全球生态治理的客观发展规律和矛盾关系，同时也要体现人类命运共同体理念的国际关系基本原则。人与自然生命共同体理念要求坚持人与自然和谐共生、绿色发展、系统治理、以人为本、多边主义和共同但有区别的责任原则。同时，这六个方面的坚持需要通过人类命运共同体理念推进全球生态治理。因此，人与自然生命共同体视域下的全球生态治理道路在主权平等、沟通协商、法治正义、开放包容、人道主义等方面既有合作共赢的历史时刻，也隐现着国家间的现实竞争和立场分歧。从国际关系视角审视全球生态治理，其进程始终交织着主权国家间的合作与竞争。冷战时期，两大阵营的对抗制约了生态合作的深度；后冷战时代，新自由主义主导下的制度设计虽推动了部分环境议题的国际化，但未能根除南北鸿沟。发达国家凭借资本与技术优势掌握生态话语权，而发展中国家在历史责任与发展权的平衡中面临双重压力。人类命运共同体理念的提出，旨在打破这种“中心－边缘”结构，构建公平正义的全球生态治理体系。其核心在于承认各国主权平等，强调共同但有区别的责任原则，主张通过共商共建共享机制，实现生态治理规则的民主化。

全球生态治理的包容性与代表性不足，是当前制度性话语权失衡的集中体现。发达国家主导的国际机构（如世界银行、国际货币基金组织）在生态援助中附加经济条件，将环境议题工具化；而发展中国家通过“77国集团和中国”等机制争取权益，但力量分散导致谈判效能受限。人类命运共同体理念倡导“多边主义”与“全球南方”协作，主张以联合国为核心平台，扩大发展中国家的制度性话语权。例如，“一带一路”绿色发展北京倡议通过技术转移与能力建设，帮助沿线国家实现生态与经济的双赢，正是包容性治理的实践典范。

法治正义是全球生态治理的基石。现行国际环境法体系虽已形成一些框架，但执行效力不足，且存在环境殖民主义倾向。人类命运共同体理念强调以国际法为基础，反对单边主义与生态霸权。例如，中国积极推动《昆明－蒙特利尔全球生物多样性框架》的制定，倡导“生态系统整体性保护”原则，将发展权与生态保护权有机统一。同时，通过南南合作提供资金与技术支持，帮助小岛屿国家和最不发达国家提升应对气候变化的能力，体现了人道主义精神。

在生态治理实践中，中国始终以人类命运共同体理念为指引，提出“双碳”目标、主办COP15等国际会议，并通过“全球发展倡议”将生态治理纳入南南合作框架。这些行动不仅彰显了大国责任，更推动了全球治理范式的转型，即从零和博弈转向共生共荣。所谓的“共生共荣”绝不意味着斗争的消失。在辩证唯物主义看来，共存即共同生存，其本身就意味着相互依赖与相互斗争。一方面，自然内部各要素的和谐共存表现为某一自然存在物与其他存在物处于一种生存斗争的状态，彼此之间为了各自的生存发展在自然规律的作用下进行物质能量的争夺。另一方面，这种和谐共生的状态更突出表现为自然存在物之间互为前提、相互依存。各要素在相互斗争的过程中生成和谐、统一的内容，从而构成了生命共同体。"山水林田湖草是生命共同体"，这充分说明了自然内部各要素及其环境构成了一个相互依存、相互作用的生态系统，是相互依存、紧密联系的有机链条。这些链条彼此之间进行相互联系、相互作用的生态循环，构成了多样性的生命共生状态，并由此形成了整个自然界的生命网络。这一生命网络是具有自我组织、自我维持和自我调节能力的，并在自然规律的状态下呈现出和谐共生的景观。

全球生态治理进程在曲折中前进，必然要面对未来的各类挑战。在客观生态层面，全球生态系统持续恶化，升温趋势不容乐观。在国际制度与合作层面，现有国际合作机制陷入困境，可持续发展受到严重威胁，全球生产供应链出现碎片化。在全球政治层面，贸易争端、民粹主义和地缘政治冲突加剧了全球治理的制度赤字。但是，全球生态治理进程仍将持续推进。客观上，全球生态治理反映了生态问题的现实性和严峻性；主观上，国际社会对于生态治理建设存在普遍的期待。全球生态治理虽波折不断，但总体上展现了全球生态保护行动的正向发展。推进生态文明建设和人类命运共同体构建，是实现国内国际双赢局面的重要路径。人与自然生命共同体在历史发展的逻辑基础上，为全球生态治理提供了重要的中国智慧、中国方案和中国贡献。主权平等、沟通协商、法治正义、开放包容和人道主义的全球生态治理原则既是对历史经验的回应，又是对全球治理赤字和生态危机的反应。同时，构建人与自然生命共同体还需要在实践中不断摸索和完善，以提供更加符合客观历史规律、满足主观期待的全球治理方案。未来，全球生态治理须进一步强化主权平等原则，构建多元参与的协商机制，同时依托科技创新与文化认同，将人类命运共同体理念转化为可操作的全球公共产品。唯有如此，方能实现生态正义与人类文明的永续发展。

第三节 对全球生态建设的启发与展望

面对全球生态治理的深层结构性矛盾，塞罕坝精神以其"绿色突围"的实践智慧，为人类破解发展困局提供了新坐标系。发展中国家长期受制于“先污染后治理”的路径依赖与“生态殖民主义”的资源掠夺，而塞罕坝模式通过全周期生态系统工程与社区共治机制，在内蒙古高原创造出“生态－生计”协同增益的范例，证明可持续治理能够超越环境权与发展权的二元对立。针对气候治理责任失衡难题，“未来世代生态信托”模型以塞罕坝碳汇林的代际传承经验为蓝本，构建起“历史排放追溯—现实贡献量化—代际补偿流转”的动态责任框架，使纽约气候峰会争议的“共同但有区别责任”原则获得可操作性转化。更深远的意义在于，塞罕坝的生态实践打破了《增长的极限》预言的生态崩溃宿命论，其“生态资本增量型发展”范式在非洲萨赫勒地带、南美雨林经济带的复制推广，标志着人类文明正从工业文明的技术修复转向生态文明的系统重构。这种植根于东方生态智慧的发展哲学，不仅重塑了全球环境治理的认知图式，更在文明演进层面为人类命运共同体铺就绿色基石。

一、从“生态殖民”到“共生共荣”：发展中国家生态治理的新路径

习近平指出：“不同文明、宗教、种族求同存异、开放包容，并肩书写相互尊重的壮丽诗篇，携手绘就共同发展的美好画卷。”“加大对发展中国家特别是最不发达国家援助力度，促进缩小南北发展差距。”应根据各国家不同的经济发展水平、不同的历史责任、不同的应对能力，采用“共同但有区别的责任”对落后国家进行经济援助、生态技术支持，推进世界各国生态持续绿色发展，促进全球生态正义美好愿景的达成和人类命运共同体的践行。生态环境的重要性犹如生命之珍贵，诚如党的十九大报告指出的，“要像对待生命一样对待生态环境”。为此，塞罕坝生态区域治理为发展中国家生态治理提供了新路径。

（一）对生态殖民主义的合理性扬弃

与西方现代化造成的人与自然之间关系的高度紧张不同，中国式现代化的生态维度辩证地坚持了人民主体和优美生态的主客体良性互动与和谐发展

原则，从而实现了对“资本宰制自然”式人类中心主义和生态中心主义的超越。关于人与自然的主客体关系，马克思指出：“主体是人，客体是自然。”在生态环境问题上，中国以一种全新的模式实现了对“资本宰制自然”式人类中心主义和生态中心主义的超越，既扬弃了“资本宰制自然”式人类中心主义下人与自然之间的双重异化问题，也克服了生态中心主义下主体缺位的环境保护模式之局限。

在全球生态危机日益加剧的背景下，中国以塞罕坝生态奇迹为代表的生态文明实践，为超越生态殖民主义提供了具有范式意义的解决方案。这一实践不仅是对资本逻辑主导的西方现代化路径的反思，更是基于马克思主义生态观的理论创新与实践突破。通过对生态殖民主义的本体论批判与实践扬弃，中国正在探索一条人与自然和谐共生的文明新形态。生态殖民主义作为资本逻辑在全球化时代的延伸，其本质是发达国家通过技术垄断与资源掠夺，将生态成本转嫁给发展中国家的新型殖民形态。这种殖民主义与工业革命以来的资本扩张紧密关联，其核心是将自然视为可无限榨取的资源库，通过不平等的全球分工体系实现生态危机的外部转移。从本体论视角看，生态殖民主义的存在依赖四个前提：生态问题与殖民主义的历史勾连、资本逻辑对生态整体性的割裂、全球化进程中的非对称性互动，以及西方中心主义对生态话语权的垄断。在全球化背景下，资本逻辑的逐利性与生态系统的整体性形成根本冲突。发达国家凭借技术优势，将高污染产业转移至发展中国家，同时通过环保标准的双重性限制后者发展空间。这种污染转移与资源剥夺的双重策略，使得全球生态治理陷入公地悲剧。而资本逻辑的短视性与生态文明的长期性存在本质矛盾，其利润最大化原则必然导致对自然的过度索取，最终引发系统性生态危机。

就生态文明建设的发展方向而言，马克思、恩格斯认为，只有在共产主义社会里，才能消灭资本对人与自然的双重剥削。因此，只有在具备共产主义性质的人类文明新形态场域中，才能真正超越资本逻辑。在这种文明形态中，“联合起来的生产者，将合理地调节他们和自然之间的物质变换”。塞罕坝林场的建设历程，正是对生态殖民主义的有力驳斥。三代建设者历经 60 余年奋斗，将荒原变为林海，创造了“荒原变林海、沙地成绿洲”的生态奇迹。

这一实践体现了生态整体主义的核心思想：将生态系统的整体利益置于首位，通过长期投入与科学治理实现人与自然的和谐共生。塞罕坝精神的价值在于：其一，超越了资本逻辑的短视性，以“功成不必在我，功成必定有我”的信念践行生态文明建设的长期性；其二，突破了西方中心主义的生态霸权，通过自主创新实现生态治理的本土化路径；其三，彰显了社会主义制度集中力量办大事的优势，为全球生态治理提供了中国方案。塞罕坝的实践证明，生态治理需要超越经济理性的局限，建立生态理性的价值导向。在资本逻辑主导的世界体系中，生态资源往往被简化为可交易的商品，而塞罕坝通过生态修复与产业融合，将“绿水青山”转化为“金山银山”，实现了生态效益与经济效益的统一。这种“两山论”的实践智慧，打破了生态保护与经济发展的二元对立，为发展中国家提供了可持续发展的新范式。

美国生态社会主义代表人物乔尔·科威尔曾指出：“资本和未来只能二者选其一。若我们选择了后者，那么资本主义就必须被废止或者用另一种生态友好型社会制度来替代。”然而，人类文明新形态场域中的生态文明建设在处理与资本逻辑关系的过程中，并非推进文明范式转型的旁敲侧击，而是主动书写对资本逻辑的原则性驾驭。中国特色社会主义生态文明建设者决然不会肯定和欣赏资本逻辑的历史“罪孽”，人类文明新形态场域中的生态文明建设最重要的内容，就是超越“消灭资本”和“以资本为中心”的二元对立，在驾驭资本的中国式现代化新道路上，开启一场极具中国特色的提速之旅。

中国特色社会主义生态文明建设的核心在于对资本逻辑的批判性扬弃。姬全生指出，马克思主义生态观强调“人与自然的物质变换”，要求将自然视为人类社会发展的基础而非征服对象。在实践层面，中国通过“五位一体”总体布局与“双碳”目标，构建了资本逻辑与生态保护的动态平衡机制：一方面利用资本活力激发绿色创新，另一方面通过制度约束防止资本对生态的过度侵蚀。这种“为资本设置红绿灯”的治理智慧，既避免了资本主义国家“先污染后治理”的老路，又为全球生态治理贡献了制度创新经验。在全球化背景下，中国提出的“人类命运共同体”理念，为破解生态殖民主义提供了新的价值框架。这一理念强调生态正义的全球性，主张各国在共同但有区别的责任原则下，通过技术共享与能力建设实现生态治理的公平性。“一带一路”绿色发展北京倡议的实施，正是这一理念的具体实践：通过绿色基础设施建设与清洁能源合作，推动发展中国家实现跨越式绿色转型，从而打破发达国家对生态技术的垄断。

塞罕坝精神与中国生态文明建设的实践，标志着人类文明形态正在经历从“征服自然”到“共生共荣”的革命性转变。通过对生态殖民主义的理论批判与实践扬弃，中国正在探索一条超越资本逻辑的新型现代化道路。这一道路的核心在于：以马克思主义生态观为指导，将生态治理纳入社会发展的整体框架，通过制度创新与价值重构，实现人与自然、经济与生态的辩证统一。在全球生态危机深化的当下，中国方案不仅为自身可持续发展提供了保障，更为人类文明新形态的构建贡献了东方智慧。

（二）对新自由主义生态治理的超越

在全球生态危机日益严峻的背景下，新自由主义生态治理模式因其内在的结构性矛盾而陷入困境。这种模式将生态问题简化为市场调节与技术改良的问题，忽视了资本主义制度对生态的系统性破坏，导致环境正义缺失、公众参与失效、情感认同断裂。与之形成鲜明对比的是，中国式生态治理通过制度创新与实践探索，构建了以人民为中心、多主体协同的复合型治理体系，并以塞罕坝精神等实践典范为依托，展现了对新自由主义生态治理的实质性超越。

新自由主义生态治理的核心困境在于其资本逻辑主导下的去政治化叙事。该模式将生态环境视为资本增殖的工具，通过市场化手段（如碳交易、绿色金融）将生态问题转化为可量化的经济指标，却回避了生态危机的制度根源。沃勒斯坦指出，资本主义世界体系的扩张本质上是资源掠夺与环境成本转嫁的过程，全球南方国家被迫承担了北方国家工业化的生态代价。这种“中心－边缘”结构导致生态治理呈现严重的南北失衡：北方国家凭借技术和资本优势垄断生态话语权，而南方国家在发展权与环保责任之间陷入两难。例如，发达国家要求发展中国家采取严格的减排措施，却未对历史排放和技术转移作出实质性承诺，加剧了全球环境治理的不公平性。

中国式生态治理的超越性首先体现在其政治引领与制度保障的有效性上。

中国共产党将生态文明建设纳入国家发展总体布局，通过顶层设计与政策执行，构建了“党委领导、政府主导、企业主体、公众参与”的协同机制。塞罕坝精神正是这一机制的生动实践：从“黄沙遮天日”到“绿野千里香”，三代人持续奋斗半个世纪，将荒原变为林海，体现了集中力量办大事的制度优势。这种政治动员不仅依靠行政力量，更通过理论创新（如习近平生态文明思想）凝聚共识，将生态治理从政策话语转化为全民行动。相比之下，新自由主义模式依赖市场自发调节，导致生态政策因政党轮替而反复摇摆（如美国退出《巴黎协定》），公众对政府的信任度持续下降。

其次，中国式生态治理通过全过程人民民主保障公众参与的真实性。新自由主义的“绿色契约民主”本质上是资本主导的形式民主，公众被原子化为孤立的消费者，缺乏实质性参与决策的渠道。而中国将生态民主融入民主制度建设，通过环境信息公开、协商民主等机制，确保人民群众在生态治理中的知情权、参与权与监督权。例如，在河湖长制、国家公园建设等实践中，社区居民、环保组织与专家学者共同参与规划并监督，形成了“共建共治共享”的治理格局。这种参与式治理不仅提升了决策的科学性，更激发了公众的生态责任意识，使环保从“要我做”转变为“我要做”。

最后，中国式生态治理通过精神文明建设与生态实践的深度融合，实现了情感认同的重构。新自由主义的经济核算思维导致人与自然关系异化，而中国通过弘扬塞罕坝精神、右玉精神等生态文化，将生态文明纳入社会主义核心价值观教育，培育了全民生态伦理。这种文化自觉使环保行为从功利性选择升华为价值追求，形成了强大的社会动员力量。与之形成鲜明对比的是，中国共产党领导人民全面推进社会主义生态文明建设，中国式生态治理展现出充沛的社会动员效能。在 2023 年全国生态环境保护大会上，习近平指出：“只有人人动手、人人尽责，激发起全社会共同呵护生态环境的内生动力，才能让中华大地蓝天永驻、青山常在、绿水长流。”2024 年 4 月，生态环境部明确 2024 年“六五环境日”主题为“全面推进美丽中国建设”，旨在“动员社会各界积极投身建设美丽中国、实现人与自然和谐共生的现代化的伟大实践”。在这里，就涉及如何使作为一种政策话语的生态文明建设转变为全社会自觉行动的问题。例如，北京市民义务植树活动持续 40 余年，参与人数超过

1.1 亿人次，彰显了生态价值观的深入人心。这种内生性动力正是新自由主义模式所欠缺的，其依赖的市场激励与惩罚机制难以触及精神层面的变革。

二、从“单边主义”到“多边协同”：全球气候治理的中国方案与协同机制

正如英国经济学者尼古拉斯·斯特恩所言：“发展问题与气候变化这两个21 世纪最大的挑战是孪生的，两者密不可分、不分伯仲。如果我们不能控制气候变化，我们就会削弱发展的基础。如果我们无视气候变化的发生，试图发展，那就会无法适应，将使发展处于危险之中。”受到生态环境限制性发展制约的人类工业社会，再一次面临着地球气候异常带来的环境整体衰退以及不可持续的挑战。党的二十大报告指出：“实现碳达峰碳中和是一场广泛而深刻的经济社会系统性变革。积极参与应对气候变化全球治理。”党的二十届三中全会通过的《中共中央关于进一步全面深化改革、推进中国式现代化的决定》把“积极应对气候变化”作为“完善生态文明基础体制”、建设“人与自然和谐共生的现代化”的主要任务之一。我国将全球气候变化治理纳入双碳目标，积极参与气候变化的全球治理，将对我国实现双碳目标、深化生态文明体制改革产生深刻影响。在全球气候问题日益严峻的当下，中国积极担当，从理念倡导到实践推进，从国内治理到国际合作，为全球气候治理贡献了宝贵方案与丰富实践，其中塞罕坝精神价值的彰显与全球气候治理义务构建的探索，也融入了这一伟大进程。

（一）应对全球气候治理的中国方案

中国创新性地提出共建人与自然生命共同体理念，为全球气候治理注入强大精神动力。这一理念汲取马克思主义自然观与中国“天人合一”传统文化精髓，强调人与自然和谐共生，将自然提升到与人同等的高度，尊重自然、顺应自然、保护自然。人与自然生命共同体是人类命运共同体理念在生态领域的具体运用，全面阐释了中国参与全球气候治理的新思路，充分体现了中国负责任大国的形象，习近平关于共同构建人与自然生命共同体的讲话，

阐释了应对气候变化挑战的实践之策和合作之道，为气候变化全球治理提供了中国方案。中国积极参与全球气候治理，成为全球气候治理的贡献者和引领者，坚定维护《联合国气候变化框架公约》《京都议定书》《巴黎协定》等气候条约，遵循平等互利之原则，与新兴国家及发展中国家合作，推动共建“一带一路”，为全球气候治理提供中国智慧。探索共建人与自然生命共同体理念的内涵和实践路径，对中国推动人类命运共同体建设、实现中华民族伟大复兴和满足人民对美好生活的向往具有重要的现实意义。而塞罕坝精神便是这一理念的生动注脚。曾经的塞罕坝，风沙漫天、生态恶劣，经过几代人艰苦卓绝的努力，他们秉持坚韧不拔的意志，在荒漠沙地上艰苦奋斗，以汗水和心血将塞罕坝建设成绿树成荫、生态优良的绿洲。这种精神体现了人类对自然的敬畏与守护，彰显出在尊重自然规律基础上，人类能够积极作为，修复和改善生态环境，为全球生态治理提供了精神榜样，激励着世界各国投身气候治理行动。

在应对全球气候治理实践中，中国采取了一系列切实有效的措施。在国内，大力推进绿色低碳发展。从产业结构调整入手，淘汰落后产能，推动传统产业绿色转型升级，积极发展新兴绿色产业与循环经济、低碳经济体系，实现生产全过程绿色化。在能源领域，加大对可再生能源的开发与利用，太阳能、风能、水能等清洁能源占比不断提升，减少对化石能源的依赖，降低碳排放。同时，倡导绿色生活方式，通过宣传教育，让垃圾分类、绿色出行、绿色消费等理念深入人心，营造全社会参与绿色发展的良好氛围。在国际合作方面，中国坚定维护并全面落实《巴黎协定》等国际气候条约。积极参与全球气候治理谈判，发挥建设性作用，推动各方达成共识。通过绿色“一带一路”建设，加强与沿线国家在气候治理领域的合作，为发展中国家提供资金、技术和人才支持。例如，设立“南南合作援助基金”，助力发展中国家提升应对气候变化的能力；启动“十百千”计划，赠送相关设备支援小岛屿国家和最不发达国家；举办各类培训班，为发展中国家培养技术人才，分享绿色低碳发展经验，携手各国共同应对气候危机。

全球气候治理义务构建正从自愿合作向合作义务转变。《巴黎协定》虽规定了温室气体自愿减排合作机制等，但因缺乏法律后果规则保障，执行效果不佳。构建国际合作义务成为必然趋势，这是基于共同责任产生的国家对国际社会整体承担的一般法律义务。中国积极推动这一转变，在国际合作中，不仅自身履行减排承诺，还倡导各国明确减排合作法律义务，通过激励机制与法律效果保障义务履行，促进更多国家参与全球气候治理，达成全球气候治理最大公约数，为实现全球气候治理目标贡献中国智慧与力量。总之，气候危机并非一国之痛痒，而是关系世界各国生存发展的共同问题。一方面，"碳达峰碳中和"作为习近平生态文明思想中应对全球气候变化的近景和远景目标，是以自身生态承诺反哺世界生态可持续发展的叙事话语，具有鲜明的世界性向度。另一方面，作为国际传播的热点议题，应主动回应"世界未来如何走"，以具有普遍价值的中国方案凝聚共识。有共识就会有互动基础，这表明以"实现碳达峰碳中和"为目标的生态承诺叙事并不是国际话语场域中线性的单向传播，而是基于互动反馈机制实现双向甚至是多向传播，有助于《巴黎协定》中的生态承诺不落空。

（二）社会主义生态文明社会下的协同路径

当前全球化进程出现波折，全球气候治理赤字进一步扩大，对中国参与和引领全球气候治理提出了新的时代要求。作为国际社会中负责任的大国，中国坚定践行多边主义，在联合国框架下维护和落实一系列气候公约，加大与发达国家生态环境领域的国际合作力度，通过绿色"一带一路"推进南南务实合作，为创新全球气候治理理念提供中国方案，为构建合作共赢的全球治理体系贡献中国力量。在习近平生态文明思想指引下，中国特色社会主义生态文明建设已进入系统性变革的新阶段。社会主义生态文明社会的构建不仅是对传统社会治理模式的生态化重构，更是马克思主义政治社会学理论在新时代的创新实践。这一过程中，塞罕坝精神作为生态文明建设的实践典范，生动诠释了多元主体协同治理的深层逻辑，为理解社会主义生态文明社会的协同路径提供了具象化样本。

塞罕坝精神的核心在于"绿色发展、生态优先"的价值共识，其形成过程正是政府主导、社会参与、市场协同的治理共同体实践。从 20 世纪 60 年代开始，三代塞罕坝人在党的领导下，通过行政力量整合资源、科研机构提供技术支撑、当地群众参与生态修复，形成了“党委领导、政府负责、社会协同、公众参与”的治理格局。这种协同模式不仅实现了从“沙退人进”到“绿进沙退”的生态奇迹，更通过生态旅游、碳汇交易等市场化手段，将生态资源转化为经济红利，构建起生态保护与民生改善的利益共同体。塞罕坝的实践证明，社会主义生态文明社会的协同路径需要以制度创新为基础，通过政策引导、市场激励和文化浸润，将生态保护从政府的行政任务转化为全社会的共同责任。

新时代中国特色社会主义生态文明建设的理论与实践，离不开它的基础承载性或表征性要素——社会。而对于“社会主义生态文明社会”的学理性讨论，不仅需要考察其主要构成元素及其相互关系，还要特别关注这种特定构型社会同自然之间的关系，以及作为一种整体性存在得以孕育、形成与发展的一般经济社会条件，也就是它的社会政治动力机制。而就这一机制的政治体系（力量）对社会反作用的本质来说，我们又可以将它理解为一种当今时代的议题性“政治社会学”。从这一视角审视，社会主义生态文明社会的协同路径体现了国家与社会关系的重构。传统社会治理中“强国家－弱社会”的模式正在向“强国家－强社会”的协同模式转型。这一转型的动力源于中国共产党对社会治理规律的深刻把握，一方面，通过顶层设计将生态文明建设纳入国家发展总体布局，建立生态环境保护督察、河湖长制等制度，强化政府的主导责任；另一方面，通过培育环保社会组织、发展生态志愿服务、推动社区自治，激活社会的自我治理能力。具体地说，社会主义生态文明理论及其实践，是当代中国社会主义初级阶段向更加清晰的生态文明和更加成熟的社会主义社会的自觉趋近或社会生态转型。它尤其意指如下三个层面意涵：一是现代化的生态环境保护治理制度与政策体系的逐渐成形及其运行落实；二是中国共产党作为马克思主义执政党的政治意识形态与治国理政方略的创新化；三是环境人文社会科学理论视野下当代中国绿色社会变革进程及其动力机制的概括或阐释。也就是说，在这一话语政策体系下，生态环境保护治理体系与治理能力的大幅度提高无疑是非常重要的和基础性的，这是对任何一个现代化国家、城市或区域的前提性要求。例如，浙江“千村示范、万村整治”工程中，政府通过财政奖补引导村庄整治，村民通过“门前三包”

等自治机制维护环境，企业通过绿色生产提供技术支持，形成了“政府有为、市场有效、社会有序”的协同治理生态。

这种协同路径的理论基础深植于马克思主义共同体思想与中华优秀传统文化的融合创新。马克思“真正的共同体”理论强调个体自由与集体利益的辩证统一，而中华传统文化中的“天人合一”“和而不同”理念则为多元主体协同提供了文化支撑。在社会主义生态文明社会中，这种理论融合表现为“共建共治共享”的治理原则：共建强调制度供给与资源整合，共治突出协商民主与多元参与，共享注重公平正义与成果普惠。例如，长江大保护中，沿江省市通过建立生态补偿机制、开展跨区域污染联防联控、鼓励企业参与生态修复，形成了流域治理的命运共同体，既保障了生态安全，又促进了区域协调发展。

面对全球生态治理的挑战，社会主义生态文明社会的协同路径为构建人类命运共同体提供了中国方案。中国通过“一带一路”绿色发展国际联盟、全球发展倡议等平台，将国内协同治理经验转化为国际合作实践，推动形成共商共建共享的全球生态治理体系。例如，在应对气候变化领域，中国不仅承诺“双碳”目标，更通过技术转让、能力建设帮助发展中国家绿色转型，展现了社会主义生态文明社会的责任担当与价值关怀。

塞罕坝精神的实践启示与社会主义生态文明社会的理论创新共同表明，协同路径是实现人与自然和谐共生的必由之路。这一路径既需要坚持党的全面领导，发挥制度优势整合各方资源；又需要激发社会活力，培育生态自觉形成治理合力；更需要深化理论创新，构建具有中国特色的生态政治社会学话语体系。唯有如此，才能在全面建设社会主义现代化国家的新征程中，走出一条生产发展、生活富裕、生态良好的文明发展道路，为人类文明进步作出更大贡献。

三、从“本土故事”到“全球意义”：人类文明转型的实践图景

面对国际传播中信息流进流出的“逆差”、中国真实形象和西方主观印象的“反差”、软实力和硬实力的“落差”等问题，中国国际话语权建设仍然

面临着复杂的考验，必须讲好中国生态文明故事及其真实的中国理念及方案。毋庸讳言，以“人类中心论”式道路、西方话语霸权、西方生态现代化为垄断的发展模式难以适应当下全球多样化的发展需求、难以完全解释以中国为代表的发展中国家的生态现代化路径。特别是在变动不居的社会中，如何在浩如烟海的叙事话语中披沙拣金是值得思考的问题。为此，人类需要一场自我革命，以加快形成绿色发展方式和生活方式，建设生态文明和美丽地球。生态文明作为全球性议题，其叙事体系的构建不仅关乎理论探讨的深度与广度，更直接影响到生态文明国际合作的有效推进。中西方生态文明思想历经漫长的去蔽、显隐之过程，形成了各具特色的叙事体系。尽管二者在理论基础、价值立场和理论性质上存在差异，却于追求人与自然和谐共生的目标上具有高度的互补性与协同性。于此，以塞罕坝生态文明建设为例，探讨如何经由本土性、世界性的双轨叙事打破既定差异以寻找共识、寻求互构，并以世界语态、国际语言融通二者的历史源脉、理论基质与现实构想。

（一）凸显生态文明建设的本土性经验

作为一种普遍的表达方式，叙事是将事件、经历或概念通过语言、文字或其他媒介进行有序表达和讲述的过程。国家层面的叙事具有重要战略意义，因为它不仅是传播国家思想和文化的工具，也是塑造国家形象和影响国际舆论的方式。因此，将塞罕坝生态文明建设纳入叙事学论域，用具备中国特色的新概念、新范畴、新表述讲述新时代生态文明叙事，可以把生态文明建设经验与中国式现代化的生态文明建设成就转换为话语资源。这不仅能够充分地展现中国故事及其背后的思想和精神力量，还能够在国际社会中塑造正面的国家形象，向世界传递新时代中国生态文明理念，以促进全球生态治理的合作与共赢。

而本土性强调特定地域的文化、历史和社会背景对叙事内容的影响，以本土性叙事作为主线，其由原生事件、意识事件、意义事件依次搭建而成。原生事件指在中西方生态文明建设中实际发生的事件，其构成了生态文明叙事的基础素材，囊括大规模的绿色能源项目、生态修复工程以及一系列环保政策的实施。在中国，如山水林田湖草一体化保护和修复工程是践行“山水林田湖草是生命共同体”理念的标志性工程，“中国山水工程”也被联合国评为首批“世界十大生态恢复旗舰项目”；在“碳达峰碳中和”目标的引导下，中国可再生能源发展领先全球，国际能源署更是在《2023年可再生能源》报告中指出，中国是全球可再生能源领域的领跑者，也是全球可再生能源快速大规模增长的主要驱动力。而在西方，如丹麦推动建立了全球海上风电联盟，德国走在清洁能源前列实行“能源转型计划”，意大利米兰的垂直森林项目，以及加利福尼亚州“百万太阳能屋顶计划”等原生事件丰富而多样。这些原生事件不仅展示了中西方在生态文明建设中的具体实践，也为自然生态环境与本地文化的叙事提供了丰富素材。

意识事件则是这些原生事件在公众意识中所引发的反应与思考。随着中国生态文明建设深入推进，公众对环境保护的认识不断提升，如垃圾分类、绿色出行等绿色生活方式逐渐得到接纳和普及。在西方，随着气候变化问题的日益严峻，公众的环境保护意识也在不断增强，如欧盟委员会发布的《一次性塑料指令》、德国通过的《一次性塑料基金法》等，鼓励民众采用环保可重复使用的塑料物品；美国环保署发布汽车尾气排放标准，以加速该国汽车业向绿色低碳交通过渡；“零废弃”运动、“慢生活”理念等逐渐成为潮流，均体现了公众对绿色生活方式的向往和追求。

意义事件指在前两类事件的基础上，建构具有地方象征性和全球普遍性的故事，以此跨越地域和文化的界限，传递出生态文明的核心价值理念。于中国，如浙江“千村示范、万村整治”、厦门筼筜湖综合治理、无锡太湖治理、京津风沙源治理、喀斯特石漠化综合治理等工程，均以“绿水青山就是金山银山”等理念为根本抓手，有效地实现了可持续的生态恢复、改善了人居环境，以“浙江经验”“厦门经验”“无锡经验”等为生态文明建设树典、注入新动能。于西方，如德国的《循环经济与废弃物管理法》及环保警察制度、瑞典的《环境保护法典》与系统化环境法律体系、英国的低碳经济战略与海洋生态保护法律、法国的《环境法典》与绿色经济政策以及丹麦从石油依赖到绿色能源的转型、加拿大的“绿色计划”等，均以立法为先导、以政策为支撑、以技术为驱动、以公众参与为基础，为其他国家有效提供了“德国模式”“瑞典典范”“英国策略”“法国举措”“丹麦经验”等可复制或可借重的他山之石。

以讲普遍性道理的方式将中国生态文明建设成果推向世界，前提是承认人是理性存在物，人能够运用理性客观公正地看待问题、客观公正地交流思想和看法，讲普遍道理是达成共识的基本手段。总体上看，中国不仅将生态文明全球叙事能力建设与新时代中国特色大国外交、“一带一路”倡议、人类命运共同体理念等联系起来，而且善于将“人与自然生命共同体”“绿水青山就是金山银山”等本土性核心标识融入生态文明全球叙事进程中，为生态文明建设奠定良好基础。未来，可以聚焦发挥“人与自然生命共同体”“绿水青山就是金山银山”等生态文明建设领域内关键词的引领作用，积极塑造好、传播好和发展好“人与自然生命共同体”“绿水青山就是金山银山”等理念，为生态文明全球叙事能力建设提供关键着力点。优先聚焦“人与自然生命共同体”“绿水青山就是金山银山”等核心标识，塑造生态文明建设在全球的独特标识。

（二）融通生态文明理念的全球性话语

不同于西方国家所提倡的“控制自然、征服自然、剥夺自然”，中国生态文明叙事根植于马克思主义生态思想和对中华优秀传统生态文化的创造性转化和创新性发展，生成于中国与世界的良性互动和中国式现代化生态文明建设的伟大实践中，提出了以“促进人与自然和谐共生”为目标的生态文明建设进程与成效，蕴含了鲜明的世界历史意义和人类文明意蕴。可以说，中国生态文明叙事深刻反映出中国共产党应有的使命意识和责任担当，亦是对西方现代化蕴含的生态观的批判与超越。习近平生态文明思想以人类命运共同体为价值遵循，呼吁“共谋全球生态文明建设之路”，以“世界主义”的开放视角与加强全球合作治理生态环境问题深度耦合。因此，推动习近平生态文明思想的国际传播是促进全球合作应对环境变化的现实要求。

然而，面对西方国家长期主导的国际绿色秩序，生态文明建设面临严峻、复杂的国际博弈。持续推进并加强生态文明全球叙事能力建设已经成为中国影响、塑造全球绿色治理方案的必然要求。

全球性侧重于跨地域、跨文化的普遍价值和共同关切，以世界性叙事作为辅线，旨在强调社会关怀、个体关怀、意义关怀的拾级而上，将生态文明理念融入全球叙事体系。故而，生态文明的叙事不仅关乎特定国家的利益和发展，更关乎全人类的共同命运和未来。从全球视野出发，世界性叙事需超越地域和文化的限制，关注生态文明建设中如气候变化、生物多样性保护等具有普遍共性的全球议题，以更好地拾遗补阙、言说交流。

全球性叙事的核心在于构建一种跨越国界、文化和意识形态的共通话语，以提炼出具有普遍意义的生态文明共识，实现中西方生态文明理念的接驳与互构。如气候变化作为当前全球面临的最为紧迫的生态挑战之一，不分国界、不分种族，对全人类构成共同威胁。在这一议题上，中西方均积极参与国际社会应对气候变化进程、认真履行《联合国气候变化框架公约》，并强调减少温室气体排放、推动绿色低碳发展。尽管中西方的具体路径和实施措施有所不同，但其责任目标具有一致性。如中国要求在2030年前实现碳达峰、2060年前实现碳中和，《联邦气候保护法案》《京都议定书》《格拉斯哥气候公约》等国际规范以及政府间气候变化专门委员会（Intergovernmental Panelon Climate Change，IPCC）也相继诞生，以此共同言说各自在应对气候变化方面的成功经验和技术创新，彰显中西方开展气候治理和低碳化行动具体的实践特色，形成融通全球的话语合力。而"万物各得其和以生，各得其养以成"，生物多样性保护作为另一全球性议题，其关乎地球生态系统的健康稳定，对维护人类生存和发展具有重要意义。

作为全球生态文明建设的参与者、建设者、引领者，中国始终努力推动构建公平合理、合作共赢的全球环境治理体系。与此同时，西方社会鼓吹"中国生态威胁论""中国资源掠夺论"等言论抹黑中国生态叙事图景。习近平生态文明思想作为中国共产党生态文明建设的最新理论成果，始终站在人类可持续发展立场，从中提炼的标识性叙事话语亦然。传播的核心是话语，习近平生态文明思想国际传播的核心亦是从中提炼的标识性叙事话语。生态文明的世界叙事，就是向世界讲述中国生态文明建设，除了以大量数据、案例作为支撑外，还离不开多元化的精彩故事。马克思指出，"理论只要说服人，就能掌握群众；而理论只要彻底，就能说服人。所谓彻底，就是抓住事物的根本，而人的根本就是人本身"。从本质上来说，中国生态文明叙事的对象也是人。罗伯特·麦基在《故事经济学》一书中指出，人类心智这一生物引擎是一种故事化的思维方式，因而，推进生态文明叙事，可以遵循人类心智的故事化机制。我们要坚持问题导向，围绕全球性生态议题讲述故事。当前全球面临的主要生态议题包括气候变化、生物多样性丧失、环境污染、自然资源消耗、海洋酸化和森林砍伐等，这些问题需要全球合作和多方努力才能有效应对，而这也意味着其中任一个议题都可以引起高度关注。

中国始终秉持与世界各国在全球生物多样性保护的道路上相向而行的态度，其牵头发起“昆明－蒙特利尔全球生物多样性框架”倡议的实施与《巴塞罗那自然规划 2030》《联邦自然保护法》《伦敦生物多样性行动计划（2021—2026）》等不谋而合，均强调生态系统的整体性和关联性，为言说全球生物多样性保护故事贡献独特智慧。此外，世界性叙事还关注生态文明建设中如可持续发展、循环经济等共性问题。这不仅关乎特定国家和地区的利益，更关乎全人类的共同福祉。经由此，中西方基于各自的可持续发展路径、模式，通过举办国际论坛、研讨会和学术交流等议程活动，得以形成具有全球性标识的生态文明叙事方案，构建更全面、包容和可持续的全球生态文明叙事话语体系。

面对全球化背景下人类世界休戚与共、命运相连的现实状态，习近平指出，“人类生活在同一个地球村里，生活在历史和现实交汇的同一个时空里，越来越成为你中有我、我中有你的命运共同体”。这不仅是对全球环境治理的积极回应，更是对人类共同命运的深刻关怀。为进一步抵达中西方生态文明叙事体系的共生之境，亟须经由以下四种途径，共同书写人类文明新篇章：一是要加强生态文明学术体系和传播体系建设，深化生态文明建设的学术研究和学理建构，增强国际智库方案、叙事言说样本的有效供给；二是要注重发挥“人与自然生命共同体”、“绿水青山就是金山银山”、可持续发展等核心标识的引领性价值，为中西方生态文明叙事能力建设提供关键着力点；三是要加强生态文明建设的示范性案例联合研讨与全球阐述，通过联合研究生态文明建设的示范性案例，形成更多可借鉴的可持续发展经验；四是要创造性地从不同部门、不同领域、不同维度阐述并融通生态文明的全球叙事，加强科研机构、智库、企业、政府等主体间的互动与协同，推动生态文明国际交流与融通，为书写地球家园的美好未来贡献力量。

参考文献

［1］卡莱维·库尔，瑞因·马格纳斯．生命符号学：塔尔图的进路 [M]. 彭佳，汤黎，译．成都：四川大学出版社，2014.
［2］A. 施密特．马克思的自然概念［M］．吴仲昉，译．北京：商务印书馆，1988.
［3］海德格尔．演讲与论文集［M］．孙周兴，译．北京：生活·读书·新知三联书店，2005.
［4］黑格尔．逻辑学：上卷［M］．杨一之，译．北京：商务印书馆，1966.
［5］安德烈·高兹．资本主义，社会主义，生态：迷失与方向［M］．彭姝祎，译．北京：商务印书馆，2018.
［6］亨利·列斐伏尔．空间与政治［M］．李春，译．上海：上海人民出版社，2015.
［7］威廉·莱斯．自然的控制［M］．岳长岭，译．重庆：重庆出版社，2007.
［8］爱德华·W 苏贾．后现代地理学：重申批判社会理论中的空间［M］．王文斌，译．北京：商务印书馆，2004.
［9］安德鲁·芬伯格．技术批判理论［M］．韩连庆，曹观法，译．北京：北京大学出版社，2005.
［10］戴维·哈维．希望的空间［M］．胡大平，译．南京：南京大学出版社，2006.
［11］戴维·哈维．正义、自然和差异地理学［M］．胡大平，译．上海：上海

人民出版社，2010.

［12］丹尼尔·A 科尔曼.生态政治：建设一个绿色社会［M］.梅俊杰，译.上海：上海译文出版社，2006.

［13］刘易斯·芒福德.技术与文明［M］.陈允明，王克仁，李华山，译.北京：中国建筑工业出版社，2009.

［14］乔尔·科威尔.自然的敌人：资本主义的终结还是世界的毁灭？［M］.杨燕飞，冯春涌，译.北京：中国人民大学出版社，2015.

［15］伊曼努尔·华勒斯坦.自由主义的终结［M］.郝名玮，张凡，译.北京：社会科学文献出版社，2002.

［16］约翰·贝拉米·福斯特.马克思的生态学：唯物主义与自然［M］.刘仁胜，等译.北京：高等教育出版社，2006.

［17］约翰·杜海姆·彼得斯.奇云：媒介即存有［M］.邓建国，译.上海：复旦大学出版社，2020.

［18］约翰·罗尔斯.正义论［M］.何怀宏，等译.北京：中国社会科学出版社，2019.

［19］卢卡奇.社会存在本体论导论［M］.沈耕，等译.北京：华夏出版社，1989.

［20］安德鲁·多布森.绿色政治思想［M］.郇庆治，译.济南：山东大学出版社，2012.

［21］戴维·佩珀.生态社会主义：从深生态学到社会正义［M］.刘颖，译.济南：山东大学出版社，2005.

［22］丹尼·卡瓦拉罗.文化理论关键词［M］.张卫东，张生，赵顺宏，译.南京：江苏人民出版社，2013.

［23］马修·富勒.媒介生态学：艺术与技术文化中的物质能量［M］.麦颠，译.上海：上海社会科学院出版社，2019.

［24］尼古拉斯·斯特恩.地球安全愿景［M］.武锡申，译.北京：社会科学文献出版社，2011.

［25］“二次创业”让塞罕坝更绿了［N］.河北经济日报，2022-08-30（5）.

［26］“美丽中国”赢得世界掌声［N］.人民日报，2017-12-07（3）.

［27］Christopher Groves. Care，Uncertainty and Intergenerational Ethics［M］. London：Palgrave Macmillan，2014.
［28］Immanuel Wallerstein. Ecology Versus Property Rights：Land in the Capitalist World-economy［J］. JANUS.NET e-journal of International Relations，2010，1（1）：1-9.
［29］J. K. Summers，L. M. Smith. The Role of Social and Intergenerational Equity in Making Changes in Human Well-Being Sustainable［J］. Royal Swedish Academy of Sciences，2014（6）：1-11.
［30］LOTMAN M. Umwelt and Semiosphere［J］. Sign Systems Studies，2002，30（1）：33-40.
［31］LVAKHIV A. Green Film Criticism and Its Futures［J］. Interdisciplinary Studies in Literature and Environment，2008，15（2）：1–28.
［32］Reinhold M.Knowledge Worlds：Media，Materiality，and the Making of the Modern University［M］. New York：Columbia University Press，2021.
［33］Saussure，F. de. Course in General Linguistics［M］. New York：Philosophical Library，1916.
［34］UEXKULL JV. The Theory of Meaning［J］. Semiotica，1982，42（1）：25-82.
［35］Walter E.Schaller.Rawls，The Difference Principle，And EconomicC Inequality［J］.Pacific Philosophical Quarterly，1998（4）：368-391.
［36］陈群志．詹姆士的时间哲学及其现象学效应［J］．学术月刊，2016（4）：29-39.
［37］邓小平．邓小平文选：第 2 卷［M］．北京：人民出版社，1994.
［38］樊浩．"生态文明"的道德哲学形态［J］．天津社会科学，2008（5）：4-10.
［39］格林．生态时代与共同体［J］．学术交流，2003（2）：1.
［40］韩庆祥．论马克思哲学的生成性本质［J］．学术界，2019（2）：10.
［41］侯彦杰，邢瑜辉．新时代塞罕坝精神内涵之解析［J］．知与行，2019（3）：92-96.

[42] 胡潇．空间正义的唯物史观叙事：基于马克思、恩格斯的思想［J］．中国社会科学，2018（10）：4.
[43] 户华为．生态史·历史学的生态畅想［N］．光明日报，2012-08-26（06）.
[44] 华启和．习近平新时代中国特色社会主义生态文明建设话语体系图景［J］．湖南社会科学，2018（6）：1-7.
[45] 郇庆治．社会主义生态文明社会：走向一种新政治社会学？［J］．政治学研究，2025（1）：148-160，191.
[46] 郇庆治．习近平生态文明思想的国际传播研究：评估与展望［J］．世界社会科学，2023（4）：5-21.
[47] 黄承梁，任亮，李惠茹．美丽河北：习近平生态文明思想的正定溯源及实践探索［J］．治理现代化研究，2025（1）：89-96.
[48] 黄建军．唯物史观视域中的人类文明新形态［J］．中国社会科学，2023（10）：85-104，206.
[49] 黄克剑．老子疏解［M］．北京：中华书局，2017.
[50] 黄寿祺，张善文．周易译注［M］．北京：中华书局，2016.
[51] 塞罕坝的意义［N］．人民日报，2017-09-20（4）.
[52] 康斯坦丁诺斯·卡沃拉科斯，叶甲斌，陈思静．《历史与阶级意识》中的物化，革命实践和政党政治［J］．马克思主义与现实，2023（6）：187-194.
[53] 李彬，关琮严．空间媒介化与媒介空间化：论媒介进化及其研究的空间转向［J］．国际新闻界，2012（5）：38-42.
[54] 李兢兢．塞罕坝精神的意义及其助力乡村振兴的路径［J］．农村科学实验，2025（1）：6-8.
[55] 李连科．哲学价值论［M］．北京：中国人民大学出版社，1991.
[56] 李琳．人与自然和谐共生现代化的唯物史观意蕴［J］.南昌大学学报（人文社会科学版），2022（6）：34-42.
[57] 李效东，樊红敏．塞罕坝精神与承德绿色发展模式［J］．河北民族师范学院学报，2018（3）：26-30.
[58] 廖小平．代际的伦理之维［M］．北京：人民出版社，2004.

［59］列宁 . 列宁选集：第 2 卷［M］. 北京：人民出版社，2012.
［60］林岗，刘元春 . 诺斯与马克思：关于制度的起源和本质的两种解释的比较［J］. 经济研究，2000（6）：58-65，78.
［61］林进平 . 马克思主义研究资料：第 24 卷［M］. 北京：中央编译出版社，2015.
［62］刘方平 . 全球治理视域下人类命运共同体建构［J］. 西南民族大学学报，2018（4）：175-182.
［63］刘怀玉 . 历史唯物主义的空间化问题［M］. 南京：江苏人民出版社，2022.
［64］刘希刚，隋灵灵 . 马克思、恩格斯物质变换理论及其对生态文明建设的启示［J］. 理论学刊，2014（3）：13-18.
［65］刘耀彬，郑维伟 . 习近平新时代中国特色社会主义生态文明思想：历史形成，逻辑主线及实践创新［J］. 湖南科技大学学报（社会科学版），2018（1）：68-76.
［66］路军 . 中华优秀传统文化是塞罕坝精神深厚的思想底色［J］. 北京党史，2024（2）：7-10.
［67］马克思，恩格斯 . 马克思恩格斯全集：第 1 卷［M］. 北京：人民出版社，1956.
［68］马克思，恩格斯 . 马克思恩格斯全集：第 2 卷［M］. 北京：人民出版社，1957.
［69］马克思，恩格斯 . 马克思恩格斯全集：第 3 卷［M］. 北京：人民出版社，1960.
［70］马克思，恩格斯 . 马克思恩格斯全集：第 3 卷［M］. 北京：人民出版社，2002.
［71］马克思，恩格斯 . 马克思恩格斯全集：第 12 卷［M］. 北京：人民出版社，1962.
［72］马克思，恩格斯 . 马克思恩格斯全集：第 17 卷［M］. 北京：人民出版社，1963.
［73］马克思，恩格斯 . 马克思恩格斯全集：第 19 卷［M］. 北京：人民出版社，

1963.
［74］马克思，恩格斯. 马克思恩格斯全集：第20卷［M］. 北京：人民出版社，1971.
［75］马克思，恩格斯. 马克思恩格斯全集：第21卷［M］. 北京：人民出版社，2003.
［76］马克思，恩格斯. 马克思恩格斯全集：第23卷［M］. 北京：人民出版社，1972.
［77］马克思，恩格斯. 马克思恩格斯全集：第25卷［M］. 北京：人民出版社，1974.
［78］马克思，恩格斯. 马克思恩格斯全集：第26卷［M］. 北京：人民出版社，2014.
［79］马克思，恩格斯. 马克思恩格斯全集：第27卷［M］. 北京：人民出版社，1972.
［80］马克思，恩格斯. 马克思恩格斯全集：第30卷［M］. 北京：人民出版社，1995.
［81］马克思，恩格斯. 马克思恩格斯全集：第31卷［M］. 北京：人民出版社，1998.
［82］马克思，恩格斯. 马克思恩格斯全集：第32卷［M］. 北京：人民出版社，1998.
［83］马克思，恩格斯. 马克思恩格斯全集：第39卷［M］. 北京：人民出版社，1974.
［84］马克思，恩格斯. 马克思恩格斯全集：第42卷［M］. 北京：人民出版社，1979.
［85］马克思，恩格斯. 马克思恩格斯全集：第43卷［M］. 北京：人民出版社，2016.
［86］马克思，恩格斯. 马克思恩格斯全集：第44卷［M］. 北京：人民出版社，2001.
［87］马克思，恩格斯. 马克思恩格斯全集：第45卷［M］. 北京：人民出版社，2003.

［88］马克思，恩格斯.马克思恩格斯全集：第46卷［M］.北京：人民出版社，1979.
［89］马克思，恩格斯.马克思恩格斯全集：第47卷［M］.北京：人民出版社，1979.
［90］马克思，恩格斯.马克思恩格斯全集：第47卷［M］.北京：人民出版社，2004.
［91］马克思，恩格斯.马克思恩格斯全集：第49卷［M］.北京：人民出版社，1982.
［92］钱玉峰，魏沧波.塞罕坝精神的思想政治教育功能及其实现路径［J］.河北民族师范学院学报，2018，38（3）：31-34.
［93］习近平在联合国生物多样性峰会上发表重要讲话［EB/OL］.（2020-10-01）［2024-10-22］http://www.qstheory.cn/yaowen/2020-10/01/c_1126565393.htm.
［94］习近平：让人类命运共同体建设的阳光普照世界［EB/OL］.（2023-03-23）［2024-10-22］.http：//politics.people.com.cn/n1/2023/0323/c1001-32650099.html.
［95］施剑波，袁国友.论新时代塞罕坝精神与理想信念教育［J］.云南农业大学学报（社会科学），2020（3）23-24.
［96］唐小林.媒介：作为符号叙述学的基础［J］.中国比较文学，2016（2）：13-26.
［97］田启波.生态正义研究［M］.北京：中国社会科学出版社，2016.
［98］田志，刘春伶.塞罕坝精神的科学内涵及时代价值［J］.北京教育（德育），2025（2）：13-19，24.
［99］王栋亮，魏沧波.论“塞罕坝精神”筑基中国梦的基本路径［J］.河北旅游职业学院学报，2019（1）：1-3.
［100］王海，唐雯.塞罕坝精神：建设美丽中国的磅礴动力［J］.共产党员（河北），2017（19）：14-15.
［101］王海艳，魏沧波，康丽滢.塞罕坝精神融入高校“大思政课”建设路径［J］.大学，2024（30）：91-94.

［102］王宏德，魏沧波．中华优秀传统文化视域下的塞罕坝精神诠释［J］．河北民族师范学院学报，2019（3）：99-102.
［103］王璐．把生态价值观融入立德树人全过程［N］．广西日报，2021-03-04（10）.
［104］王璐．大学生思想政治教育理论的基本内容和坚持的原则［J］．山西财经大学学报，2010（2）：282，286.
［105］王璐．大学生思想政治素质现状及教育路径研究［J］．教育与职业，2012（2）：54-55.
［106］王璐．改革开放三十年思想政治教育工作考评论［J］．思想政治教育研究，2009（5）：96-99，103.
［107］王璐．高职院校青年教师师德建设的路径研究［J］. 山西财经大学学报，2016，38（52）：122-123.
［108］王璐．浅析马克思主义行政思想与舆论监督［J］. 新闻战线，2014（11）：145-146.
［109］王璐．网络民粹主义的潜流：2000～2010年中国网民行为意识的个案分析［J］．内蒙古社会科学，2011（1）：114-119.
［110］王威威．荀子译注［M］．上海：上海三联书店，2018.
［111］王新朋，王永祥．环境界与符号域探析［J］．俄罗斯文艺，2017（4）：144-151.
［112］王岩．生态正义的中国意涵与逻辑进路［J］. 哲学研究，2022（5）：5-14，128.
［113］王莹莹，张学立．马克思人与自然物质变换思想及新时代中国化表达［J］．贵州社会科学，2024（7）：28-36.
［114］王越，蔡华杰．《自然辩证法》的生态价值观及当代价值［J］．东南学术，2024（3）：74-83.
［115］王占龙，谢春玲，刘博．分众化视域下新时代塞罕坝精神传承路径研究［J］．河北旅游职业学院学报，2024（4）：101-106.
［116］威廉·麦克尼尔．瘟疫与人［M］．余新忠，等译．北京：中国环境科学出版社，2010：4.

[117] 吴丹萍 . 主题性美术创作视域下塞罕坝精神弘扬与传承的路径研究［J］. 新传奇，2024（40）：34-36.
[118] 习近平 . 高举中国特色社会主义伟大旗帜　为全面建设社会主义现代化国家而团结奋斗：在中国共产党第二十次全国代表大会上的报告［M］. 北京：人民出版社，2022.
[119] 习近平 . 习近平谈治国理政：第 2 卷［M］. 北京：外文出版社，2017.
[120] 习近平 . 习近平谈治国理政：第 3 卷［M］. 北京：外文出版社，2020.
[121] 习近平 . 习近平谈治国理政：第 4 卷［M］. 北京：外文出版社，2022.
[122] 习近平 . 习近平在学习贯彻党的二十大精神研讨班开班式上发表重要讲话强调　正确理解和大力推进中国式现代化［N］. 人民日报，2023-02-08（1）.
[123] 夏明方 . 从灾荒史到环境史从环境史到生态史［N］. 文汇报，2017-8-17（1）.
[124] 徐东黎，杨明芳，李娅楠 . 塞罕坝精神融入高校思政教育的价值意蕴与路径探析［J］. 林区教学，2024（7）：1-4.
[125] 徐文娇 . 塞罕坝精神与人与自然和谐共生的中国式现代化［J］. 品位·经典，2024（9）：15-17.
[126] 严晓丽，范彦芳，严鹏 . 塞罕坝精神融入医学院校课程思政的教学探究［J］. 承德医学院学报，2024（4）：354-356.
[127] 杨崇泽，付晓娜，杨鑫悦 .“互联网 +”时代大学生思想政治教育的路径探索［J］. 教育现代化，2017，4（27）：175-176.
[128] 杨鑫悦，杨崇泽，贾楠 . 基于考试文化视野的大学生诚信教育研究［J］. 管理观察，2015（34）：94-95.
[129] 杨鑫悦 . 高考改革对高水平大学招生的影响［J］. 管理观察，2018（6）：138-139.
[130] 杨鑫悦 . 探析中国考试文化［J］. 管理观察，2015（20）：137-138.
[131] 杨鑫悦 . 应用型本科院校创新创业教育课程体系构建研究［J］. 现代职业教育，2018（4）：68-69.
[132] 叶茂，王婧雅，叶桐 . 媒介观念史：文化，技术与本体［M］. 成都：

西南财经大学出版社，2021.

［133］袁银传 . 论马克思、恩格斯思想的内在一致性及其当代启示：基于对西方马克思学“马恩对立论”的驳斥［J］. 马克思主义研究，2020（11）：61-69，163-164.

［134］约翰 · 贝拉米 · 福斯特 . 马克思的生态学：唯物主义与自然［M］. 刘仁胜，肖峰，译 . 北京：高等教育出版社，2006：187.

［135］战玉建，王剑，何艳成，等 . 塞罕坝精神融入大学生职业品质的价值逻辑及策略研究［J］. 社会与公益，2024（9）：70-72.

［136］张继红 . 关于大学生群体践行塞罕坝精神的思考［J］. 河北软件职业技术学院学报，2018（2）：29-31.

［137］赵建军 . 习近平生态文明思想是开放与发展的新思想［N］. 中国新闻网，2018-06-02（3）.

［138］中共中央文献研究室 . 十八大以来重要文献选编：中［M］. 北京：中央文献出版社，2016：3，23，493.

［139］中共中央文献研究室 . 习近平关于社会主义生态文明建设论述摘编［M］. 北京：中央文献出版社，2017.

［140］中国能源转型取得历史性成就［EB/OL］.（2024-08-30）［2024-10-22］. https://www.gov.cn/zhengce/202408/content_6971321.htm?ddtab=true.